Sitzungsberichte
der Heidelberger Akademie der Wissenschaften
Stiftung Heinrich Lanz
Mathematisch-naturwissenschaftliche Klasse
Abteilung A.
Jahrgang 1924. 3. Abhandlung.

Die Intensitäten alluvialer und diluvialer geologischer Vorgänge und ihre Einwirkung auf die pliocäne Rumpffläche des Kraichgaues und Odenwaldes.

Von
Wilhelm Salomon
in Heidelberg.

Eingegangen am 12. Januar 1924.

Berlin und Leipzig 1924
Walter de Gruyter & Co.
vormals G. J. Göschen'sche Verlagshandlung / J. Guttentag, Verlagsbuchhandlung / Georg Reimer / Karl J. Trübner / Veit & Comp.

Die Intensitäten alluvialer und diluvialer geologischer Vorgänge und ihre Einwirkung auf die pliocäne Rumpffläche des Kraichgaues und Odenwaldes.

I. Die heutigen Niederschlagsmengen des Gebietes in ihrer Bedeutung für die geologischen Vorgänge.

Dem Heidelberger Stadtbuch entnehme ich die folgenden Daten:

Jahresniederschläge Heidelberg . . . 695 mm } Mittel von 1888—1917,
„ Karlsruhe . . . 757 „ }

Zahl der Niederschlagstage in Heidelberg 1919 . . 155 Tage (801 mm),
1920 . . 100 „ (688 „),
1921 . . 91 „ (495 „),
„ „ „ „ Karlsruhe 1919 . . 143 „ (855 „),
1920 . . 107 „ (668 „),
1921 . . 84 „ (482 „).

Nach HELLMANNS Klimaatlas verteilen sich die Jahresniederschläge in Heidelberg und Karlsruhe etwa, wie folgt, auf die einzelnen Monate. (Die nicht mit 0 endenden Zahlen sind aus der Karte interpoliert.)

	I.	II.	III.	IV.	V.	VI.	VII.	VIII.	IX.	X.	XI.	XII.
Heidelberg	50	50	60	50	58	78	100	78	75	59	48	48
Karlsruhe	50	48	50	55	65	79	78	75	70	61	54	58

Die Sommermonate haben also, wie längst bekannt, die höchsten Niederschläge, tragen aber erfahrungsgemäß trotzdem nur wenig zur Ernährung des Grundwassers, der Quellen und Flüsse bei. — Hochwasser und Überschwemmungen treten fast immer im Winter auf. Die stärksten transportierenden und erodierenden Wirkungen der Flüsse fallen also im allgemeinen in den Winter. Aber auch hier gleicht nicht etwa ein Jahr dem anderen, wie die obenstehenden Zahlen der 3 Jahre 1919—1921 deutlich zeigen. Allerdings ist dabei zu berücksichtigen, daß 1921 ein ganz abnorm trockenes Jahr war.

Der Eindruck, den ich in den Jahren 1897—1923 in Heidelberg und seiner weiteren Umgebung gewonnen habe[1]), ist der, daß im

[1]) Dabei ist allerdings zu berücksichtigen, daß diese Zeit fast ganz in eine trocken-warme BRÜCKNERsche Klimaperiode fiel. Doch ändert das an den Gesamtergebnissen der Arbeit nichts.

allgemeinen die Bäche und Flüsse des Gebietes nur feine Trübe transportieren und nur wenig erodieren. Allerdings gibt es örtliche und zeitliche Ausnahmen von dieser Regel. 1. An Stellen starken Gefälles, z. B. in der Stromschnelle des „Hackteufels" oberhalb der alten Brücke von Heidelberg, und ebenso in der Stromschnelle unterhalb der neuen Brücke, ferner in übersteil geneigten Nebentälern wie der Wolfsschlucht bei Zwingenberg am Neckar findet dauernd Erosion statt. 2. Die Winterhochwässer der Flüsse und Bäche transportieren und erodieren energisch. Ein einziges Hochwasser wie das von Weihnachten 1919 leistet in wenigen Tagen mehr geologische Arbeit als mehrere vorhergehende Jahre ohne ausgesprochene Hochwasser. Diese entstehen in unserem jetzigen Klima fast stets nur bei plötzlicher Schneeschmelze. Im Diluvium sind sie viel häufiger als jetzt von Eisstauungen begleitet gewesen, durch die dann sogar große Gesteinsblöcke weggeschoben werden können. 3. Eine dritte Ausnahme bilden sehr starke Regengüsse im Sommer. Kleinere Bäche weisen dabei manchmal in wenigen Stunden verblüffende Wirkungen auf, die ebenfalls die Wirkungen langer Reihen von vorhergehenden Jahren übertreffen können. Das war z. B. der Fall bei dem ungewöhnlich starken Gewitterregen der Nacht vom 5.—6. Juni 1921, der bei Oberdielbach, Schatthausen und zwischen Wiesloch und Mauer am heftigsten niederging. Er hatte auf der mäßig ansteigenden Straße von Wiesloch nach Baiertal die Straßenschotterhaufen weggeschwemmt, obwohl sie aus eckigen Steinen von etwa 5—6 cm Durchmesser bestanden. An mehreren Stellen des Gebietes hatte er Risse von einigen Fuß Tiefe in die Gehänge gerissen, an einer anderen Stelle eine kleine Muhre erzeugt.

Zum zweiten Punkte erwähne ich noch, daß das Weihnachtshochwasser des Neckars von 1919 das große Quaderpflaster des Leinpfades zwischen den beiden Heidelberger Brücken auf große Strecken tief aufwühlte und die Steine forttrug, an den Pfeilern der neuen Brücke aber metertiefe Kolke erzeugte.

Wer derartige Ereignisse miterlebt hat, dem ist es vollständig begreiflich, daß die alte Geologie nach der Einführung des Grundsatzes des Aktualismus durch HUTTON, K. E. A. v. HOFF und LYELL, in einer Zeit, in der man von der absoluten Dauer der Erdperioden keine Ahnung hatte, alle großen geologischen Ereignisse der Vergangenheit durch Summierung kleiner Vorgänge der Gegenwart erklärte. Man nahm daher damals im Gegensatz zur Katastrophentheorie einen gleichmäßigen Gang der Erdgeschichte an. Daß das nicht zutrifft, wird jetzt allerdings mehr und mehr anerkannt.[1]) Es ist nun für die ganze Auffassung der Erdgeschichte von hoher Bedeutung, ob uns die geologische Gegenwart ein normales Maß geologischen Geschehens zeigt oder eine, wenn auch vielleicht rasch vorübergehende Verkümmerung der Kräfte. Mit anderen Worten: Leben wir in einer Epigonen-Zeit oder dürfen wir annehmen, daß auch früher in gleichen Zeiträumen nicht mehr geschah als in der Gegenwart?

Für die Beantwortung dieser Frage ist es von Bedeutung, nicht nur die Intensität, sondern auch die Häufigkeit bestimmter geologischer Ereignisse zu kennen. Da nun die gewöhnlichen Regenfälle und -Perioden in unserem Gebiet keine nennenswerten geologischen Wirkungen hervorbringen, habe ich mich bemüht, einige Angaben über Platzregen und Wolkenbrüche zu sammeln. Nach HANNS Lehrbuch der Meteorologie (3. Aufl. 1915, S. 369 u. f.) nennt man „starke Regenfälle von kurzer Dauer gewöhnlich Platzregen, solche von ganz außergewöhnlicher Intensität Wolkenbrüche (cloud burst)". RIGGENBACH definiert den Platzregen als einen Niederschlag von wenigstens fünf Minuten Dauer und einer Intensität von mindestens 20 mm auf die Stunde. Wenn 50 mm oder mehr in einer halben Stunde fallen, so spricht man meist von einem Wolkenbruch. Der badischen Landeswetterwarte verdanke ich nun die folgende Zusammenstellung der größeren Regenfälle in Karlsruhe von 1892 bis 1915.

Werte der Niederschlags-Registrierung Karlsruhe (Landeswetterwarte) mit mindestens 0.833 mm/min. = 50 mm/Stunde.

Tag	Tageszeit	Dauer Minuten	insgesamt	Regenmenge auf die Min.
31. Aug. 1892	3—4p	4	3.8	0.95
17. Mai 1893	8—9p	1	1.1	1.10
11. Juli 1893	2—3p	4	3.6	0.9
4. Aug. 1893	11p—12n	5	4.2	0.84
10. Aug. 1894	12—1p	ca. 2	1.9	0.95
26. Sept. 1894	2—3p	3	4.7	1.57
25. Mai 1895	6—7p	2	2.0	1.00

[1]) STILLE, Tektonische Evolutionen und Revolutionen in der Erdrinde (Leipzig 1913), SALOMON, Tote Landschaften und der Gang der Erdgeschichte (Sitz.-Ber. Heidelb. Akad. d. Wiss. Math.-naturw. Klasse. 1918 Abh. 1. S. 9–10), STILLE, Die Schrumpfung der Erde (Bornträger, Berlin. 1922. S. 11), W. VON SEIDLITZ, Revolutionen in der Erdgeschichte, mit ausführlichem Literaturverzeichnis (Gustav Fischer, Jena. 1920).

Tag	Tageszeit	Dauer Minuten	insgesamt	Regenmenge auf die Min.
19. Juni 1895	10—11p	10	12.0	1.20
1. Juli 1895	5—6p	7	17.6	2.51
4. Okt. 1895	11a—mtg	ca. 1	0.9	0.90
1. Juli 1896	1—2p	ca. 1	1.7	1.70
26. Aug. 1896	2—3p	3	3.7	1.23
22. Juli 1897	9—10a	2	2.7	1.35
25. Aug. 1897	1—2p	3	4.3	1.43
30. Aug. 1897	2—3p	7	7.1	1.01
6. Sept. 1897	3—4p	1	0.9	0.90
7. Juni 1898	4—5p	5	6.0	1.20
8. Juni 1898	8—9p	8	7.5	0.94
7. Juli 1900	3—4p	10	12.3	1.23
20. Juni 1900	12—1p	5	5.0	1.00
29. Juni 1901	7p	22	19.9	0.90
10. Sept. 1901	1—2a	7	9.3	1.33
6. Okt. 1901	8—9p	6	6.7	1.11
17. Aug. 1902	12—1p	3	2.6	0.87
23. Juli 1903	8—9p	16	29.1	1.82
11. Mai 1904	1—2p	5	4.4	0.88
21. Mai 1904	3—4p	6	7.2	1.20
16. Aug. 1905	6—7a	2	2.1	1.05
31. Mai 1906	6—7p	2	3.5	1.75
29. Juni 1906	12—1p	5	7.5	1.50
3. Aug. 1906	3—4p	13	15.4	1.19
15. Aug. 1907	12—1p	7	6.5	0.93
9. Mai 1908	10—11p	4	4.1	1.03
13. Sept. 1909	7—8p	3	2.5	0.83
21. Aug. 1910	11—12n	20	19.6	0.98
21. Aug. 1911	4—5p	15	27.7	1.85
23. Aug. 1911	7—8p	1	0.9	0.90
19. Juni 1913	1—2p	9	8.3	0.92
24. Juni 1913	1—2p	20	21.0	1.05
2. Sept. 1913	2—3p	1	0.9	0.90
9. Juli 1914	12—1p	15	14.2	0.95
3. Aug. 1914	9—10p	13	11.8	0.91
12. Sept. 1914	1—2a	5	4.4	0.88
13. Okt. 1915	1—2a	10	9.1	0.91
1916	—	—	—	—

Der RIGGENBACHschen Definition des Wolkenbruches entspricht kein einziger dieser Fälle, weil bei keinem eine Gesamtmenge von 50 mm gefallen ist. Der Definition von Platzregen entsprechen etwa 25 Fälle von 44, also im Durchschnitt wenig mehr als ein Fall im Jahr. Fast alle 44 stärkeren Regenfälle liegen in den heißesten Sommermonaten, wenige im Mai, September, Oktober.

Der einzige Regenfall des Gebietes, der, soweit mir das bekannt geworden ist, wenigstens für einen Ort mehr als 50 mm in einer Nacht aufwies, war der erwähnte Gewitterregen vom 5.—6. Juni 1921. Für ihn erhielt ich durch meinen verehrten Kollegen Professor WOLF von der Heidelberger Sternwarte die folgenden Angaben. In der betreffenden Nacht fielen in:

Adelsheim	9,6 mm,	Eberbach	16,0 mm,
Oberdielbach	**56,5** „	Elsenz	7,9 „
Neckarbischofsheim	28,6 „	Kohlhof	14,1 „
Königstuhl	14,0 „	Heidelberg	12,6 „
Mannheim	1,2 „	Karlsruhe	— „
Gerlachsheim	25,5 „	Pulfringen	11,5 „ .

Aus dieser Zusammenstellung geht hervor, daß der Regen größere Stärke (über 20 mm) nur an drei Stellen erreicht hat, daß aber diese Stärke genügte, um an einzelnen Punkten tiefe Erosionsrisse zu erzeugen und eine kleine Muhre hervorzurufen. Würden sich so starke Wirkungen öfter an derselben Stelle wiederholen, so müßten in wenigen Jahrhunderten erhebliche geologische Wirkungen entstehen. Indessen geht aus den Zusammenstellungen der Landeswetterwarte wie aus den Erfahrungen der einheimischen Bevölkerung deutlich hervor, daß das nicht der Fall ist, daß also zerstörende Regengüsse nur in sehr großen zeitlichen Abständen denselben Punkt zu betreffen pflegen.

Eigentliche Wolkenbrüche im RIGGENBACHschen Sinne kommen jedenfalls nur äußerst selten, wenn überhaupt in dem hier behandelten Gebiete vor.

Die stärksten Abtragungen habe ich in den 26 Jahren meines Aufenthaltes in Heidelberg nicht bei den Sommergewitterregen, ja auch nicht bei den Hochwässern des Winters beobachtet, sondern in der langen Winterregenperiode des Januar-Februar 1923. Da gingen in wenigen Tagen in der unmittelbaren Umgebung von Heidelberg eine Anzahl von Bergschlipfen und kleinen Muhren herunter, während an zahlreichen Stellen die Oberhaut lehmiger Gehänge mit der Grasnarbe ins Gleiten kam und in den Straßen- und Eisenbahneinschnitten, aber auch bei natürlichen Hängen die Böschungen abstumpfte. Größere

Bergschlipfe und Muhren kenne ich aus diesem Zeitraum vom Schweizerweg im Heidelberger Stadtgebiet (Neuenheim), an der Reinerschen Villa am Schloß-Wolfsbrunnenweg, hinter dem Haarlaß, am Guckkastenweg östlich des Haarlaß gegen das Stift Neuburg und beim Kinderheim der Stadt Mannheim südlich Neckargemünd. Auch im Siebenmühlental fand eine Rutschung von größerem Ausmaße unterhalb des Hübschschen Grundstückes statt.

Zahlreiche unbedeutende Rutschungen waren z. B. an der Straße von der Neckargemünder Eisenbahnbrücke gegen Neckarsteinach am rechten Neckarufer zu sehen.[1]) Ich verdanke nun auch für diese Niederschlagsperiode wieder sehr wertvolle Angaben den Zusammenstellungen der badischen Landeswetterwarte, deren Leitung ich auch an dieser Stelle meinen besten Dank für die Überlassung der Tabellen und für die Erlaubnis zur Veröffentlichung ausspreche. Nach diesen Tabellen hatten

im Januar 1923	Monats-niederschlags-summe	% der normalen Summe	Zahl der Niederschl. Tage
Neckarbischofsheim (Kraichgau) .	79,2 mm	126.	14.
Kohlhof	109,5 „	166.	19.
Königstuhl	107,4 „	168.	19.
Heidelberg	93,7 „	195.	20.
Mannheim	56,2 „	201.	17.
im Februar 1923			
Neckarbischofsheim	122,1 „	235.	17.
Kohlhof	151,7 „	271.	20.
Königstuhl	147,6 „	273.	19.
Heidelberg	111,7 „	279.	20.
Mannheim	52,2 „	218.	18.

Der März war wieder ziemlich normal. Das Wesentliche und Wichtige an den Monaten Januar und Februar 1923 war also, daß in dem Gebiet trotz gänzlichen Fehlens von Platzregen oder gar Wolkenbrüchen die lange dauernde Vermehrung der Niederschläge (auf 126—201 % im Januar, im Februar aber 218—279 % der normalen Menge) ausreichte, um an zahlreichen Stellen das Gleichgewicht der Hänge zu stören und diese in intensive Bewegung zu versetzen. Und dabei fanden die hauptsächlichsten Rutschungen, Muhren und Schlipfe schon Anfang Februar statt. Offenbar hing das damit zusammen, daß vor dem Eintritt der angeführten Bodenbewegungen nach meiner

[1]) Über Rutschungen im Kraichgau hat MUCKLE (Kraichgau S. 34) einige Angaben.

Erinnerung in Heidelberg besonders andauernder und starker Regen fiel. Die Niederschlagsmengen der betreffenden Tage waren nach den Tabellen der Landeswetterwarte:

29. I.	30. I.	31. I.	1. II.	2. II.	3. II.	4. II.	5. II.
6,8 mm.	12,0.	9,4.	24,5.	22,8.	12,5.	1,1.	3,0.

Die Bodenbewegungen begannen zwischen dem 2. und dem 4. Februar.[1]) Das zeigt deutlich, daß es nicht die Gesamtmenge der Monatsniederschläge war, die die geologischen Vorgänge bedingte, sondern ihre Häufung an ganz bestimmten Tagen, allerdings nachdem der vorausgehende schon ungewöhnlich nasse Januar den Boden gründlich durchfeuchtet hatte. Unmittelbar vor dem 29. Januar war sogar eine Periode von drei trockenen Tagen. Aber am 21. Januar waren 18,5 mm gefallen, am 20. Januar 7,8. Der ganze Februar, obwohl viel feuchter noch als der Januar, hatte nach den ersten Tagen niemals wieder so hohe Tagesniederschläge wie an seinen ersten drei Tagen, wohl aber eine Trockenperiode vom 6.—8., eine weitere vom 13.—16., einen fast trockenen Tag am 23. mit nur 0,2 mm, einen ganz trockenen Tag am 24. und einen Tag mit nur 0,3 mm am 25.

Das Ergebnis dieser Feststellungen ist also, daß auch ein besonders feuchter Monat ohne größere geologische Wirkungen bleiben kann, während günstige Aneinanderreihung von zahlreichen unbedeutenden und zum Schluß erst bedeutenden Niederschlägen große Wirkungen auslöst. So kam es, daß wir in den betreffenden Februartagen eine kleine Vorstellung von der Intensität der Bodenbewegungen in den regenfeuchten Tropen bekamen. Dort hört man, wie mir die Herren Bergingenieur Dr. Adam und Bergingenieur Moermann auf Grund reicher Erfahrungen in Holländisch-Indien versicherten, in jeder Nacht der Regenzeit das Geräusch der von den Hängen heruntergehenden Muhren und Schlipfe.

Wir dürfen daraus schließen, daß schon eine geringfügige Vermehrung der Niederschläge in der feuchten Jahreszeit innerhalb bestimmter Zeiten des Diluviums eine intensive Abtragung erzeugen mußte. Hatten einzelne Unterperioden des Diluviums (? Teile der Interglazialzeiten) auch nur monatsweise die doppelte Niederschlagsmenge wie heute, so mußte die Häufigkeit der Tage starker Bodenbewegungen nicht doppelt so groß, sondern ein Vielfaches von der heutigen Zahl sein. In den Glazialzeiten aber mußte auch in den nicht vergletscherten Gebieten wie Odenwald und Kraichgau Solifluktion Wirkungen erzeugen, die das Kriechen der Gegenwart um ein sehr

[1]) Ich verdanke eine Anzahl der vorstehenden Angaben Herrn Stadtbaurat Schwaab in Heidelberg.

Vielfaches übertrafen. Und das alles war unabhängig von tektonischen Vorgängen, also rein klimatisch bedingt.

Auch andere Forscher sind zu dem Ergebnis gekommen, daß die abtragenden Wirkungen im Diluvium wesentlich stärker waren als in der Gegenwart. Ich zitiere aus der sehr umfangreichen Literatur über diesen Gegenstand nur einige Beispiele.

E. SCHEU hat in der naturwissenschaftlichen Wochenschrift (N.F. 19, Nr. 37 vom 12. September 1920) eine wichtige Abhandlung veröffentlicht: „Die Bedeutung der Schuttuntersuchung für die Erklärung der Landformen." Darin wird für Teile von Frankreich und Deutschland gezeigt, daß diluviale Vorgänge für die ganze Morphologie eine sehr große Rolle spielen und jedenfalls an Bedeutung die alluvialen Vorgänge bei weitem übertreffen. Zu ganz ähnlichen Ergebnissen kommt E. KRAUS.[1]) Er sagt: „Auch in Zeiten vorherrschender Verwitterung und Bodenbildung, wie sie jetzt im außeralpinen Mitteleuropa zu Hause ist, kommen da und dort große Schuttbewegungen (Schlipfe) vor. Solche sind aber örtlich bedingt durch gewisse geologische Umstände (Quellaustritt, Schichtneigung u. a.) und mehr episodisch und akut." An einer anderen Stelle sagt KRAUS mit Recht: „Die Zeiten der Hauptabtragung dieser Gehänge (nämlich in den Vogesen) liegen schon weit zurück. Denn derartige Schuttmassen, welche ein altes Relief zuschütten, können sich heute höchstens ausnahmsweise zur Zeit der Schneeschmelze in Murgängen zu Tal bewegen."

AXEL SCHMIDT (Die Entstehung des Flußnetzes der schwäbischen Schichtstufenlandschaft, Jahresber. Oberrh. Geol. Ver. N. F. X. 1921. S. 57) bringt einen sehr deutlichen Beweis dafür, „daß eine bedeutende Abtragung, die die alten Züge im Landschaftsbilde links vom Neckar verwischt und undeutlich gemacht hat, tatsächlich erst in diluvialer Zeit erfolgt ist". Ebenso zeigt er (S. 55), daß „das lebhafte Rückschreiten des Albrandes erst im Pleistocän begonnen hat".

LOZINSKI, HÖGBOM, PASSARGE, M. SCHMIDT, RAU, KRAUS und ich selbst[2]) haben eine ganze Anzahl von Bodenformen, die früher als ein Produkt gegenwärtiger Vorgänge angesehen wurden, für Folgeerschei-

---

[1]) Die Bodenkunde als Methode in der Morphologie. Petermanns Geogr. Mitt. 1923. Heft 1—2.

[2]) Geol. Rundschau, VII. 1916. S. 30 u. f. Hier auch Literaturangaben. SCHMITTHENNER ist im allgemeinen geneigt, die Vorgänge der Gegenwart als ausreichend zur Erklärung der jetzigen Oberflächenformen anzusehen. In seiner neuesten Arbeit (Geogr. Abh. Reihe 2, Heft 1, S. 33) gibt er aber für die Stufenlandschaft zwischen Maas und Mosel zu, daß „manche Lagerungserscheinung in Boden und Schutt auf die Einwirkung der Eiszeit zurückzuführen ist".

nungen diluvialer Vorgänge (in erster Linie der Solifluktion) erkannt. Ich kann an dieser Stelle nicht näher darauf eingehen.

Zu einem ähnlichen Schluß über das Verhältnis der Arbeitsintensitäten komme ich aber auch hinsichtlich der Erosionsgröße der Flüsse. Wer die großartigen Wirkungen des Neckarhochwassers zu Weihnachten 1919 gesehen hat, wird sich darüber klar sein, daß auch in Zeiten tektonischer Ruhe eine Vermehrung der Flußwassermengen die Erosionskraft und das Transportvermögen der Flüsse in geometrischer Progression erhöht.

Das ergibt sich ja auch aus der Formel für die lebendige Kraft $\frac{1}{2}mv^2$. Denn da mit der wachsenden Masse m die Reibung viel geringer wird und somit die Geschwindigkeit v ebenfalls wächst, diese aber in ihrem Quadrat wirkt, so müssen sowohl Erosion wie Transportkraft des Flusses stärker als proportional der Masse wachsen. Auch dabei kommt es aber nicht so sehr auf eine absolute Vermehrung der Jahreswassermengen der Flüsse an, als auf ihre Verteilung über die Jahreszeiten. Die Zusammendrängung größerer Wassermengen auf wenige Tage leistet ein sehr Vielfaches von dem, was bei gleichmäßiger Verteilung über längere Perioden zu beobachten ist. Wundervoll zeigen das die Flüsse, die vom Apennin in die Poebene fließen mit ihren riesenbreiten, von groben Schottern erfüllten und den größten Teil des Jahres fast trockenen Betten.

Es ist klar, daß im Diluvium in wiederholten Perioden eine starke Vermehrung der Flußwassermengen stattgefunden hat, so daß sowohl die Erosion, wie die Akkumulation der Flüsse viel häufiger solche Paroxysmen erreicht haben müssen, als in der Gegenwart. Damit stimmt z. B. überein, daß A. Tornquist[1]) zeigt, daß die Erosion und Akkumulation der Enns seit der Würmeiszeit nur einen kleinen Bruchteil der entsprechenden diluvialen Wirkungen seit dem Ende der Riß-Eiszeit ausmachen. Allerdings ist hier die Dauer der beiden in Betracht kommenden Perioden auch nicht annäherungsweise zu schätzen.

Martin Schmidt (Ber. Oberrhein. geol. Ver. 42. 1909. S. 91 u. f.) macht es sehr wahrscheinlich, daß die aus vereisten Gebirgen stammenden Flüsse durch die starken sommerlichen Schmelzwässer gerade in den Eiszeiten starke Erosion erzeugt haben. Er nimmt übrigens für die Eiszeiten besonders große Niederschläge an, während andere Forscher das Gegenteil für wahrscheinlicher halten.

Bleibt die Wassermenge eines Flusses gleich, bewirkt aber ein Sinken der Wintertemperatur das häufigere Einsetzen von Eisstauungen,

[1]) Das Alter der Tiefenerosion im Flußbett der Enns bei Hieflau. Mitt. Geol. Ges. Wien. 1915. III—IV.

so können auch dadurch gewaltige Wirkungen erzeugt werden. BERNAUER und ich haben das für das Diluvium bei Heidelberg bewiesen.[1])

Ich habe nun aus den genannten und mancherlei anderen Gründen die Überzeugung gewonnen, daß die zerstörenden Kräfte im Diluvium wesentlich intensiver gewirkt haben als in der geologischen Gegenwart, und zwar auch in gleichen Zeiträumen. Ich kann das nicht nur auf geringere Temperaturen zurückführen, sondern glaube, daß auch die Menge der Niederschläge und vor allen Dingen ihre Verteilung über die Jahreszeiten die Ursache davon waren. Sehen wir uns aber zunächst an, ob in dem hier betrachteten Gebiet nicht auch tektonische Bewegungen im Diluvium und Alluvium von Einfluß auf die Erosion und damit mittelbar auf die Abtragung gewesen sind.

II. Junge tektonische Bewegungen in dem Untersuchungsgebiete.

Während man früher sehr junge tektonische Bewegungen in Deutschland nur in geringer Zahl kannte und daher für Ausnahmen hielt, haben sich in den letzten Jahrzehnten immer mehr Beispiele von ihnen nachweisen lassen. Dabei scheint mir eine Frage von Bedeutung zu sein, auf die man meist wohl nicht näher eingegangen ist, ob nämlich das geringe Ausmaß der jungen Bewegungen darauf beruht, daß wir in einer Epigonenzeit leben, oder auf der kurzen Dauer der Beobachtungszeit. Im letzteren Falle wäre es wohl möglich, daß die Größenordnung der Verschiebungen nicht hinter der längerer Erdperioden zurückbliebe. Unter diesen Umständen hat jede Beobachtung, Schätzung oder gar Messung junger tektonischer Bewegungen und ihrer zeitlichen Dauer ein gewisses Interesse. Daher teile ich die folgenden Beobachtungen mit.

1. Beobachtungen bei Heidelberg.

Hier hat WILHELM SPITZ 1908 Erdbebenspalten in der im diluvialen Neckarschuttkegel gelegenen Kiesgrube am Pleickartsförsterhof beschrieben.[2]) Sie tragen in ihrem tieferen Teil den Charakter unbedeutender Verwerfungen. — SAUER[3]) hat wohl als erster darauf hingewiesen, daß der unfertige Zustand des Neckartales in den Stromschnellen des Hackteufels bei Heidelberg auf junge tektonische Be-

[1]) Jahresber. u. Mitteil. Oberrhein. Geol. Verein. 1915. N. F. Bd. 5. Heft 1. S. 26—32.

[2]) Über jungdiluviale Erdbebenspalten usw. Verhandl. Naturh. Med. Verein Heidelberg. N. F. IX. S. 632—640.

[3]) Vergl. SALOMON, Die Stellung der Randspalten des Eberbacher- und des Rheintalgrabens. Z. D. geol. Ges. 1903. S. 408.

wegungen deutet. Dann haben THÜRACH[1]) und ich[2]) auf die Tatsache aufmerksam gemacht, daß sich im Neckar unterhalb der neuen Heidelberger Brücke, schon außerhalb des Gebirgsrandes in der Ebene eine Stromschnelle befindet, die auf eine junge Verwerfung zurückzuführen ist. Ja, diese Beobachtung ist eine der Ursachen gewesen, die mich 1912 dazu veranlaßt haben, die 1918 mit glücklichem Erfolge beendete Heidelberger Thermalbohrung vorzuschlagen und mit Hilfe der Stadt Heidelberg durchzuführen. Da diese Stromschnelle in die lockeren, leicht erodierbaren Kiese, Sande und Decklehme des Neckars eingeschnitten ist, in denen eine ältere Stufe längst ausgeglichen sein müßte, so schloß ich daraus auf das Fortdauern der verwerfenden Bewegung. Nun hat die Thermalbohrung in der Tat in einer Tiefe von 808 m unter dem Tertiär den Buntsandstein erreicht, ihn aber in 929 m Tiefe durchfahren und von neuem darunter Tertiär angetroffen. Diese Erscheinung läßt sich nach meiner Auffassung nur dadurch erklären, daß der Buntsandstein mit seiner Decke von Tertiär und Diluvium über Tertiär überschoben ist, d. h. also, daß die auf rein morphologischer Grundlage erschlossenen Störungen wirklich im Untergrunde nachweisbar sind. Dabei lasse ich es dahingestellt, ob es sich hier nur um eine einzige Störung, oder um mehrere benachbarte handelt. Ich hebe noch hervor, daß an der Stromschnelle früher eine Mühle, die sogen. Bergheimer Mühle stand, während jetzt das Gefälle des Flusses durch eine Turbinenanlage des Leimener Zementwerkes benutzt wird. Herr Direktor Dr. SCHOTT war so freundlich, mir auf Anfrage mitzuteilen, daß das Gefälle in der Mühle ursprünglich 90 cm betrug. Es ist jetzt durch Ausbaggerung und Stauung wesentlich vergrößert. RÜGER hat in einer sorgfältigen Untersuchung über „Die Entstehung des Neckar-Mündungstrichters bei Heidelberg“ (Verh. Naturh. Med. Verein Heidelberg N. F. XV. S. 68) den Schluß gezogen, daß „die Bildung der (O—W-gerichteten) Neckarverwerfung in das jüngste Diluvium, vielleicht schon in das älteste Alluvium zu verlegen ist“. Die ebenfalls O—W-gerichte Anlageverwerfung hat nach ihm keinen großen zeitlichen Abstand von der Neckarverwerfung (S. 69). Die N—S-Verwerfungen seien etwas älter als die O—W-Verwerfungen (S. 67). Doch „scheinen die Bewegungen, welche zu den (N—S-)Verwerfungen führten, weiter aktiv zu sein“. Denn die kleinen Absenkungen an den N—S-Verwerfungen der Neckarinsel sind trotz der mürben Beschaffenheit des Gesteins noch unausgeglichen.

[1]) Erläuter. zu Blatt Heidelberg. Bad. geol. Karte II. Aufl. 1909. S. 75.

[2]) Ber. Versamml. Oberrhein. Geol. Verein. 1909. 42. Vers. S. 9.

2. Weinheim.

Bei Weinheim hat FREUDENBERG[1]) diluviale tektonische Verschiebungen eingehend beschrieben. Ich selbst fand im Sommer 1923 in der Stadt Weinheim an der Ecke der Ludwigsstraße und Heidelberger Landstraße eine Baugrube, in der das beistehende Profil erschlossen war.

Erdbebenspalte in Weinheim an der Bergstraße (schematisch)
(Ecke Ludwigsstraße und Heidelberger Landstraße).

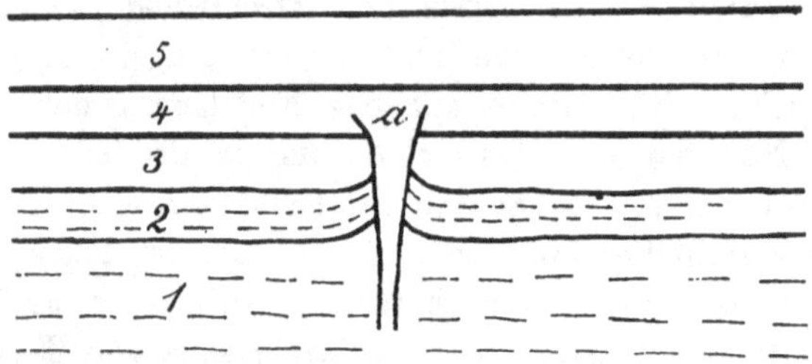

1 = Kies und Sand des Grundelbachtales. 2 = Lehmschicht mit Sandlinsen. 3 = Kies und Sand des Grundelbachtales. 4 = Brauner Sand, nach oben übergehend in 5 = Sandlöß. a = Erdbebenspalte, etwa SO streichend.

Es zeigt eine nach unten schwach trichterförmig verjüngte Erdbebenspalte in diluvialen Kiesen und Sanden des Grundelbaches. Da die Schichten neben der Spalte in die Höhe gebogen sind, muß zuerst nach der Zerreißung der Schichtreihe eine tangentiale Pressung stattgefunden haben und erst nachher eine klaffende offene Spalte entstanden sein. Diese schien etwa SO zu streichen. Das Einsinken der höheren Schichten ließ sich fast bis in den hangenden Sandlöß verfolgen.

3. Wiesloch.

Auf dem Wege von Rauenberg nach Wiesloch fand ich schon vor mehreren Jahren zusammen mit Herrn Dr. RATZEL eine Verwerfung zwischen Löß und Keuper, die Herr Dr. RATZEL demnächst eingehend beschreiben wird.

4. Bruchsal.

Mitten in der Stadt Bruchsal stand früher wie bei Heidelberg vor dem Gebirgsrande in der Ebene eine Mühle, die Badersche Mühle, die

[1]) W. FREUDENBERG, Die Rheintalspalten bei Weinheim an der Bergstraße aus tertiärer und diluvialer Zeit. Zentralbl. f. Mineralogie. 1906. S. 667—689. — Derselbe, Beiträge zur Gliederung des Quartärs usw. Notizblatt Ver. f. Erdkunde. 1911. Darmstadt. IV. Folge, Heft 32. S. 76 u. f. Besonders Figuren auf S. 82, 130, 135.

später in eine Fabrik umgewandelt wurde. Auch hier muß also in den leicht zerstörbaren jungen diluvialen Bildungen ein Gefällsknick vorhanden gewesen sein, der zur Anlegung eines Wehres geeignet erschien. Ich habe deswegen vom Stadtrat Bruchsal nähere Angaben erbeten und die folgenden Aufzeichnungen des Stadtbauamtes Bruchsal erhalten, wofür ich auch an dieser Stelle meinen besten Dank ausspreche.

„Die Gefällverhältnisse des Saalbaches innerhalb der Stadt, von der Schwabenbrücke bis zum Schafsteg, sind sehr verschieden. Das gesamte Wasserspiegelgefälle von Höhe 120,38 bis 111,15 auf einer Gesamtlänge von 3,5 km war früher in 6 Gefällstufen aufgeteilt zur Ausnützung der Wasserkraft, wie aus folgender Aufstellung zu ersehen ist:

Betrieb:	Gefälle	Stauweite	
1. Schlachthaus	2.— m	600 m,	besteht noch,
2. Stuhlmüllersche Mühle	1.50 „	600 „	geschleift,
3. Brückenmühle	1.40 „	220 „	„
4. Papiermühle	1.20 „	320 „	„
5. Badersche Mühle	1.50 „	165 „	besteht noch,
6. Herrmann-Sägewerk	1.— „	220 „	geschleift.

Das Wasserspiegelgefälle im Durchschnitt beträgt oberhalb der Baderschen Mühle 0,2 %, unterhalb 0,05 %. Die direkt an diese Mühle anschließenden Teilstrecken haben ein Gefäll von 0,2 % oberhalb und 0,07 % unterhalb. Schriftlich niedergelegte Messungen sind nicht vorhanden."

Der Knick, auf den es mir ankommt, ist der bei der Baderschen Mühle mit einem Gefälle von 1,50 m. Ich verhehle mir natürlich nicht, daß man hier ebenso wie in Heidelberg und an dem noch zu besprechenden Punkte bei Weingarten schon sehr frühzeitig nachgeholfen haben wird, um das ursprünglich über eine größere Strecke verteilte Gefälle auf einen bestimmten Punkt zusammenzudrängen. Auch liegen die drei Stellen auf den Schuttkegeln der aus dem Gebirge austretenden Flüsse, bzw. Bäche, so daß ein Teil des Gefälles auf die Neigung der Schuttkegel zurückzuführen ist. Ich hebe aber ausdrücklich hervor, daß es nach der ganzen Oberflächenbeschaffenheit an allen drei Stellen auszuschließen ist, daß das Gefälle gleichmäßig über eine große Strecke verteilt gewesen wäre. Es ist nun von hohem, auch praktischem Interesse, daß in der Stadt Bruchsal in der Nähe des Baderschen Gefällsknickes Salzwässer von selbst in die Höhe dringen, bzw. erbohrt wurden. Die Herkunft dieser freilich meist sehr dünnen Solen konnte früher zweifelhaft sein. Ich habe aber schon vor vielen Jahren in unveröffentlichten Mitteilungen darauf hingewiesen und halte das jetzt für ganz unzweifelhaft, daß sie aus dem Tertiär stammen und die Möglichkeit zum Aufstieg durch die junge Verwerfungsspalte erhalten haben. Diese muß alluvialen Alters sein, um sich noch jetzt im Gelände bemerkbar machen zu können.

5. Weingarten (südlich Bruchsal).

Geht man vom Bahnhofe Weingarten in den Ort hinein, so trifft man an der Stelle, wo sich die Landstraße mit einem anderen Wege vereinigt, etwa 675 m vom Gebirgsrand, also auch hier mitten in der Ebene, ein kleines Wehr. Ein lokaler, steil geböschter Schuttkegel, auf dessen Gefälle gegen die Ebene man die Niveaudifferenz zurückführen könnte, ist im Gelände nicht bemerkbar, obwohl die Stelle natürlich noch auf dem sehr flachen Schuttkegel des Weingartener Baches liegt. Dieser ist im Orte auf eine ziemlich lange Strecke eingedämmt und fließt eine Zeitlang höher als seine Umgebung. Daraus geht hervor, daß man nicht ohne weiteres die Stelle des heutigen Wehres als die der Verwerfung ansehen darf, sondern daß diese erst festzustellen wäre. Deshalb hat die Höhe des Wehres auch keine größere Bedeutung. Daß aber auch hier eine alluviale Verwerfung vorliegt, scheint mir unzweifelhaft zu sein.

Es wäre daher von großem Interesse, den ganzen Gebirgsrand von Kandern bis Darmstadt zu untersuchen und festzustellen, wie weit sich diese alluviale Stufenbildung verfolgen läßt und welches Ausmaß sie erreicht. Im Zusammenhange damit gewinnt nun aber eine andere morphologische Eigentümlichkeit des Randstreifens der Ebene eine gewisse Bedeutung, so daß ich ihr den folgenden Abschnitt widmen will.

III. Rinnenbildung am Rande des Schwarzwaldes, Kraichgaues und Odenwaldes.

Nachdem im vorigen bewiesen ist, daß auf einer über 30 km langen Strecke des Ostrandes des Oberrheinischen Grabens in alluvialer Zeit eine Stufenbildung stattgefunden hat, taucht die Frage auf, ob die eigentümliche Bildung einer sumpfigen Rinne an demselben Gebirgsrande in einer Beziehung zu der Stufenbildung steht. Nördlich von Oos bei Baden-Baden, besonders schön zwischen Durlach und Wiesloch (südlich Heidelberg) und stellenweise auch nördlich von Heidelberg an der Bergstraße ist ein bald breiterer, bald schmälerer Streifen der Ebene in der Nähe des Gebirgsrandes alljährlich längere Zeit oder dauernd unter Wasser. Torfbildungen bei Ettlingen und an anderen Orten deuten an, daß die Erscheinung schon alt ist. Noch deutlicher zeigt die von MANGOLD stammende Karte der alten Neckarläufe längs des Odenwaldrandes an, daß hier auf einer langen Strecke die Geländeformen die Neigung haben, das Wasser am Gebirgsrande entlang zu leiten.

DEECKE hat im dritten Bande seiner Geologie von Baden (Morphologie, Bornträger, Berlin 1918. S. 547 u. f.) dieser Rinne eine ausführliche Darstellung gewidmet. Er sagt: „Von der Murg an existiert auf badischem Gebiete ein Rinnensystem, das von Rastatt zum Neckar zieht und erst in junger Zeit in moorige Wiesen überging, soweit nicht Zuflüsse diese alten Betten benutzen.“ Er stützt sich dabei auf die badischen geologischen Karten und bringt zwei Abbildungen aus den THÜRACHschen Erläuteruugen zu Blatt Karlsruhe — Daxlanden, die die Verhältnisse gut darstellen. Er führt ihre Entstehung, wenn ich ihn recht verstehe, auf die Einbiegung der Kraichgaumulde zwischen Schwarzwald und Odenwald zurück. Der Rhein bog nach ihm bei Rastatt nach Osten ab und lief früher am Kraichgaurande entlang. Daher bogen die Gebirgsbäche beim Austritt in die Ebene in dem alten Rheinbett nach N um und folgten, wenigstens ursprünglich, alle dem Gebirgsrande.

Ein früherer Schüler von mir, Herr STÜBY, hatte auf meine Veranlassung ein Teilgebiet, nämlich das zwischen Bruchsal und Wiesloch, genau untersucht, aber leider Heidelberg verlassen, bevor er seine Arbeit druckfertig machen konnte. Frl. Dr. MARTHA SCHWEISGUT, jetzt in Stuttgart, hatte es dann übernommen, die Arbeit zu Ende zu führen, ist aber durch berufliche Tätigkeit ebenfalls bisher nicht fertig geworden. Ich verdanke ihr indessen einen Auszug der hauptsächlichsten Ergebnisse der STÜBYschen Arbeit: „Inselartig ragen N—S ziehende Erhöhungen jüngster Rheinkiese (Hochgestade) aus der schlickerfüllten Niederung zwischen Bruchsal und Wiesloch. Es handelt sich also hier um ein Erosionstal im Rheinkies, das teilweise wieder mit Schlick aufgefüllt wurde. Die Bildung des Erosionstales ist jünger als die jungdiluvialen Dünen, die bei Langenbrücken und Kronau von dem Gewässer des Tales angeschnitten sind. Es handelt sich hier um das Wasser des Saalbaches und Kraichbaches, welche sich zu einem Flusse vereinigten. Später entstand eine Änderung in dem hydrographischen Netz durch das Absinken der Rinne unter dem Bahnhof Bruchsal, wo sich ein Torfmoor bildete. Der Kraichbach schob nun seinen Schuttkegel vor und drängte den Saalbach nach Westen ab. Dadurch wurde die Stoßkraft des Wassers vermindert. So vermochte nun auch der Leimbach seinen Schuttkegel vorzuschieben und drängte seinerseits den Kraichbach gegen NW. Dadurch konnte das Wasser von den Malscher

Höhen nicht in der bisherigen Weise abfließen, sammelte sich in den tiefsten Teilen der Roth-Malscher Niederung und erzeugte dort Sümpfe."

Jedenfalls geht auch aus diesen STÜBYschen Untersuchungen hervor, daß in ganz junger Zeit, nämlich nach der Ablagerung der Dünen, wieder eine Rinne neben dem Gebirgsrande entstand und die vorher abgelagerten Rheinkiese und die Dünen erodierte.

Auch in den Kreisen der Altertumsforscher sind die hier besprochenen Verhältnisse eingehend erörtert worden. So verdanke ich einer freundlichen Mitteilung meines Kollegen Dr. WAHLE die Kenntnis einer Abhandlung von KARL SCHUHMACHER: „Zur Besiedelungsgeschichte des rechtsseitigen Rheintales zwischen Basel und Mainz."[1]) In dieser Arbeit wird darauf hingewiesen, daß in der sumpfigen Rinne längs des Schwarzwald- und Odenwaldrandes zahlreiche prähistorische und historische Grabhügel sowie römische Villen entdeckt worden sind, bei deren Anlage das Gelände trockener als heutzutage gewesen sein muß. Die jetzige Versumpfung muß also in die allerjüngste Zeit fallen, was aber natürlich kein Gegenbeweis dagegen ist, daß nicht schon vor der Anlage der Gräber und Villen Wasserläufe dem Gebirgsrande folgten und eine Trockenlegung nur vorübergehend war.[2])

Es taucht nun die Frage auf, ob die Rinnenbildung am Rande des nördlichen Schwarzwaldes, Kraichgaues und Odenwaldes durch eine tektonische heute noch weiter fortschreitende Einsenkung oder durch andere Ursachen zu erklären ist.[3]) Man könnte für die jüngste geschichtliche Zeit an die Einwirkung des Menschen denken, indem etwa die unteren Läufe der das Wasser des Gebirgsrandes zum Rhein abführenden Bäche absichtlich oder durch Nachlässigkeit verstopft worden seien, so daß das Wasser seinen Weg am Gebirgsrande entlang nehmen mußte. Bei dem großen Schaden, den die Versumpfung anrichtet, ist das indessen von vornherein unwahrscheinlich, wenn auch im 30jährigen Kriege und 1689—93 durch die französische Verwüstung des Gebietes vorübergehend ähnliche Schädigungen eingetreten sein mögen. Doch pflegt nicht nur der Mensch in solchen Fällen rasch

---

[1]) Festschrift zur Feier des 50jährigen Bestehens des Römisch-Germanischen Zentralmuseums zu Mainz. Mainz 1902. S. 39 u. f.

[2]) Durlach trug mittelalterlich noch die Bezeichnung „turris ad lacum". Man könnte das leicht so deuten, als ob dort in römischer Zeit ein See vorhanden gewesen sei. Nach einer freundlichen Mitteilung meines Kollegen Dr. WAHLE in Heidelberg handelt es sich dabei aber nicht um einen römischen Namen, sondern um eine mittelalterliche Latinisierung des deutschen Namens.

[3]) MUCKLE (Morphologie des Kraichgaus. Heidelberg 1908. Dissertation S. 19) hat sich darauf beschränkt, die meiner Ansicht nach unzureichende HONSELLsche Hypothese wiederzugeben.

Abhilfe zu schaffen, sondern die Natur selbst, indem derartige langsam abfließende Stauwässer die mitgebrachte Trübe sehr rasch absetzen und das von ihnen überflutete Gelände durch Schlick zu erhöhen pflegen. Außerdem würde dann eine Erklärung des Wasserreichtums des Gebirgsrandes in älterer Zeit fehlen.

Endlich aber zeigen Bohrungen, die in neuerer Zeit am Gebirgsrande bei Heidelberg und Laudenbach niedergebracht worden sind, abnorm große Mächtigkeiten des Diluviums, die sich nur durch die Annahme eines lange währenden Absinkens des ganzen dem Gebirgsrande benachbarten Streifens der Ebene, und zwar nicht nur am Kraichgau, sondern auch am nördlichen Schwarzwald und am ganzen Odenwaldrand erklären lassen. Ich lasse es dabei ausdrücklich dahingestellt, ob sich nicht außerdem das Gebirge hebt, sowie ob die Senkung den Charakter einer Grabenbildung hat oder ob es sich um eine Kippung des östlichen Teiles der Rheinebene handelt.

Durch die Annahme einer Senkung des Randstreifens der Ebene erklärt sich nun auch die auffällige Unsymmetrie der geologischen Verhältnisse im nördlichen Oberrheinischen Graben, auf die von verschiedenen Seiten und auch von mir selbst schon hingewiesen worden ist.[1]) Am ganzen Kraichgau- und Odenwaldrand ist Grabentertiär[2]) oberflächlich nur an ganz wenigen Stellen bekannt (Weinheim, Großsachsen, Nußloch, Wiesloch, Rothmalsch). An anderen Stellen liegt es allerdings in geringer Tiefe (Leimen, Bruchsal, Oos bei Baden-Baden, Heppenheim in Hessen). Umgekehrt zieht sich am Rande des Pfälzerwaldes ein ausgedehntes und ziemlich hoch über die eigentliche oberrheinische Ebene aufragendes System von Tertiärterrassen entlang (von Landau im Süden bis nach Oppenheim). Diesen Terrassen verdankt der Pfälzer Weinbau seine ungleich günstigere Lage und den hohen Wert seiner Weine. Das Rebland ist den Nebeln nicht so ausgesetzt, hat mehr Sonne und zum Teil auch größeren Windschutz. Dazu kommt allerdings auch noch die rein auf der geographischen Lage beruhende geringere Regenhäufigkeit.

Am östlichen Grabenrande liegt das Tertiär dagegen mehr oder minder tief unter dem Diluvium und Alluvium begraben. In der Heidelberger Thermalbohrung haben wir 397 m Alluvium und Diluvium durchteuft und dann erst ein Pliocän von 103 m Mächtigkeit

---

[1]) Salomon, Die Bedeutung des Pliocäns usw. Sitz.-Ber. Heidelberg Ak. Wiss. Abt. A. 1919. 1. Abhandl. S. 17.

[2]) Ich sehe von dem schon vor der Grabenbildung abgelagerten Eozän von Ubstadt und Rothmalsch ab.

erreicht, während die Bohrung in der Spiegelmanufaktur Waldhof bei Mannheim nach THÜRACH das Pliocän schon in 146,7 m Teufe erreichte. Die tektonischen Bodenbewegungen sind also offenbar auf der Westseite des Grabens früher zur Ruhe gekommen als auf der Ostseite. Denn hier setzen sie sich, wie wir gesehen haben, heute noch deutlich fort. Das drückt sich auch so ziemlich auf der ganzen Länge des Grabens in der viel größeren Erdbebenhäufigkeit und -Stärke des Ostrandes aus. Vergl. die Erdbebenkarte von REGELMANN[1]) und die Angaben von DEECKE.[2])

IVa. Intensität der tektonischen Bewegungen.

Vergleichen wir die Höhe der in dieser Arbeit beschriebenen jungen Bruchstufe bei Heidelberg, Bruchsal und Weingarten (wohl weniger als ein Meter oder wenig mehr) und die Sprunghöhe der SPITZschen Erdbebenverwerfungen (wenige Zentimeter) mit der der jungtertiären oder altdiluvialen Verschiebungen, so ist die erstere sehr unbedeutend. Aber wir müssen auch noch die Länge dieser Zeitabschnitte berücksichtigen. Wie lange dürfen wir das Alluvium für unser Gebiet annehmen? Offenbar müssen wir hier unter „Alluvium" die Zeit verstehen, in der das periglaciale Klima verschwunden war. Auf Grund der Untersuchungen von G. DE GEER und der Schätzungen von BRÜCKNER, ALB. HEIM, KEILHACK und anderen wird man für Mitteldeutschland eine Zahl zwischen 10 und 20 Tausend Jahren, also als Mittelwert und gleichzeitig als wahrscheinlichsten Wert etwa 15 Tausend Jahre annehmen müssen.[3]) Die Gesamtdauer des Diluviums ergibt sich nach der Helium-Methode zu mindestens einer Million Jahre. Das Pliocän kann 1,6 Millionen Jahre zurückliegen.

Nun sind die heute landschaftlich hauptsächlich auffallenden Randverwerfungen der Rheinebene nach meinen Ausführungen bei einer früheren Gelegenheit jungpliocän oder altdiluvial.[4]) Ja mittlerweile hat BRILL in einer Heidelberger Dissertation[5]) gezeigt, daß in den zuerst von FREUDENBERG auf den Hochflächen neben dem Bruchsaler Gebirgs-

[1]) Erläut. z. geol. Übersichtskarte von Württemberg und Baden.

[2]) Geologie von Baden. II. 1917. S. 710.

[3]) Vergl. die Zusammenstellung von KOENIGSBERGER in den „Grundzügen der Geologie", Bd. I S. 27—30 und die Erörterung ebendort Bd. III im Abschnitt von SALOMON „Grundbegriffe der Erdgeschichte".

[4]) Die Bedeutung des Pliocäns für die Morphologie Südwestdeutschlands. Sitz.-Ber. Heid. Akad. Wiss. Math.-naturf. Klasse. 1919. Abh. S. 18.

[5]) Paläogeographische Untersuchungen über das Pliocän im Oberrheingebiet.

rand beobachteten Flußschottern Radiolarienhornsteine auftreten. — Danach müssen diese Schotter jünger als pliocän, nämlich altdiluvial sein. Der heutige Abbruch des Kraichgaues zur Rheinebene ist also noch jünger als diese altdiluvialen Schotter. Und dasselbe wird man nun wohl auch für den Odenwaldrand und für den nördlichen Schwarzwaldrand annehmen dürfen. So hebt z. B. W. WENZ [1]) hervor, daß bei der in seiner Schrift (Fig. 31. S. 224) abgebildeten Verwerfung in der Mauerstraße in Darmstadt die oberpliocänen Sande und Tone noch mitverworfen sind. Die Bohrung „läßt keine andere Deutung zu als die, daß die Absenkung am Ende des Pliocäns oder im älteren Diluvium erfolgte".[2])

Ich will auf Grund der BRILLschen Beobachtung für die Zeit seit der Bildung des heutigen Kraichgaurandes als wahrscheinlichste Zahl rund eine Million Jahre annehmen, die Rechnung aber auch mit $1^1/_2$ Millionen ausführen, um jede Selbsttäuschung auszuschließen. Vervielfältigen wir nun die Sprunghöhen der jungen Verwerfungen am Kraichgau-Odenwaldrande mit einer Million geteilt durch 15.000, so erhalten wir 1 bis höchstens 2 m $\times$ etwa 67 = 67 m bis höchstens 134 m, eine Zahl, deren Größenordnung weit hinter den wirklichen Sprunghöhen der alten Randverwerfungen zurückbleibt. Denn bei Heidelberg erreicht der obere Geröllhorizont des Buntsandsteins am Königstuhl etwa 570 m Meereshöhe. Er kehrt am Gaisberg unter dem Gipfel in 320 m wieder und ist in der Thermalbohrung in 836,4 m Tiefe unter der Ebene (110 m über N N), also in 1296 m unter der Lage am Königstuhl erbohrt worden. Da zwischen beiden Stellen mindestens zwei, wahrscheinlich aber drei Verwerfungen liegen, ergibt sich eine Gesamtsprunghöhe für die Vertikalverschiebung von 1296 m, für jede der drei vermutlichen Hauptverwerfungen aber im Durchschnitt von 432 m.

Diese Beträge umfassen nun aber nicht nur die diluviale, sondern auch die tertiäre Vertikalverschiebung. Um den Betrag der diluvialen Sprunghöhe allein zu finden, müssen wir wie folgt vorgehen. Nach meiner Annahme lag das Oberpliocän zu beiden Seiten der heutigen Randverwerfungen in ungefähr gleicher Höhe, sowohl im Gebiete der heutigen Ebene, wie auch im Königstuhl im Gebirge. Wir müssen also für die Höhenlage des Pliocäns auf dem Königstuhl mindestens

[1]) Das Mainzer Becken. Heidelberg 1921, bei Ehrig, S. 224 u. f.

[2]) AXEL SCHMIDT (Jahresber. Oberrh. geol. Ver. N. F. XI. 1922. S. 34) hebt hervor, daß die meisten, wenn nicht alle Störungen in Schwaben als diluvial anzusehen seien. Eine Verwerfung am Bahnhof Kochendorf ist sogar jünger als die Niederterrasse, d. h. jüngstdiluvial oder altalluvial.

600 m Meereshöhe rechnen. Die Oberkante des Pliocäns ist in der Bohrung in 397 m Tiefe unter der dort etwa 110 m hohen Ebene erbohrt. Daraus ergibt sich ein Höhenunterschied von 600 + 287 m = 887 m. Diese Zahl ist sicher nicht genau richtig, aber sie gibt uns die Größenordnung der diluvialen Sprunghöhe an. Sie übertrifft den maximalen Betrag der alluvialen Sprunghöhe (2 m) absolut genommen um das 443fache und unter Berücksichtigung der Zeitdauer immer noch um etwa das 13,2fache bzw. mindestens das 6,6fache. Dabei ist aber noch gar nicht berücksichtigt, daß die tektonischen Bewegungen ja nicht während des ganzen Diluviums stattfanden, sondern wohl hauptsächlich in dem ältesten Abschnitt der hier in Betracht kommenden Zeit. In diesem war also die tektonische Bewegung im Verhältnis zu den heutigen Bewegungen, auf den gleichen Zeitraum berechnet, noch außerordentlich viel größer, als die oben angeführten Zahlen angeben.

Hätten wir für die in Betracht kommende Zeit des Diluviums $1^1/_2$ Millionen Jahre gerechnet, so würde der vertikale Verschiebungsbetrag des Alluviums mit 100 zu vervielfältigen gewesen sein, also 100 bis höchstens 200 m ergeben haben, Zahlen, die immer noch weit hinter den 887 m des Diluviums zurückbleiben. So ungenau diese Berechnung auch ist, das eine scheint mir doch daraus mit Sicherheit hervorzugehen, daß die tektonischen Bewegungen gleicher Zeiträume des Alluviums weit hinter den alten Bewegungen des Diluviums zurückbleiben. Wir leben also tektonisch tatsächlich in einer **Epigonenzeit**, wobei es aber immer noch fraglich bleibt, ob die verhältnismäßig große Ruhe der Gegenwart nicht nur vorübergehend ist und bald wieder durch energischere Tätigkeit abgelöst werden könnte.

IV b. Intensität der Erosion und Akkumulation.

Wandert man am Gebirgsrande von Bruchsal nach Durlach entlang, so sieht man, wie schon MUCKLE (S. 23) hervorgehoben hat, eine ganze Anzahl kleiner, annähernd senkrecht zum Gebirgsrande stehender Täler, ganz ähnlich wie auch am Odenwaldrande etwa nördlich des Schriesheimer Tales. (Das Birkenauer Tal hat abweichenden Charakter.) Diese Täler sind zweifellos erst gebildet worden, nachdem durch die großen altdiluvialen Verwerfungen das heutige Relief der Rheinebene wenigstens in großen Zügen entstanden war. Als Dauer ihrer Bildungszeit werden wir also im wesentlichen auch wieder rund eine Million Jahre, höchstens $1^1/_2$ Millionen annehmen dürfen. An der Mündung dieser kleinen Täler liegen nun zwischen Bruchsal und Weingarten fast überall deutliche kleine Schuttkegel, die auch auf der geologischen Karte von SCHNARRENBERGER, wenn auch natürlich nur schematisch eingetragen sind. Die geologische Karte faßt sie als Alluvium auf; und tatsächlich entspricht ihr Volumen nur einem winzig kleinen Bruchteil des Volumens der Talhohlräume, obwohl doch der Zeitraum des Alluviums kein so ganz kleiner Bruchteil des Diluviums ist (rund $^1/_{67}$ bzw. höchstens $^1/_{100}$).

Abgesehen von den größeren Tälern von Bruchsal und Weingarten hat normal nur ein einziges dieser Tälchen noch ein fließendes Wasserrinnsal. Alle anderen sind, wie auch MUCKLE allgemein hervorhebt, wasserlos, tot, obwohl ihr Hohlraum zweifellos so gut wie ausschließlich der Erosion fließenden Wassers seine Entstehung verdankt. Nun habe ich selbst beobachtet, daß von Zeit zu Zeit einmal nach einer lange andauernden Regenperiode oder bei plötzlicher Schneeschmelze ein vorübergehender Ablauf in den Tälchen entsteht. Aber kein Anzeichen verrät, daß dadurch heute noch eine Erosion von gleicher Stärke wie die diluviale stattfände. Wenn sie vorhanden wäre, müßten die Schuttkegel ungefähr dem 67. (bzw. 100.) Teil des Rauminhaltes der Täler entsprechen.

Um das nachzuprüfen, habe ich das betreffende Stück des Gebirgsrandes mehrfach allein bzw. mit meinen Schülern begangen und auf Grund der Karte sowie des Augenscheins das Verhältnis der Rauminhalte der Täler und der Schuttkegel berechnen lassen. Herr Assistent WARNECK hat sich auf meinen Wunsch dieser Aufgabe unterzogen. Tal I ist das Tal südlich von Gertenberg, nordöstlich von Grötzingen. Tal II eignet sich nicht zu der Berechnung. Es ist das Tal bei Werrabronn. III ist das Tal südlich vom vorderen Heuberg, IV das Tal nördlich davon und südlich von Weingarten. V ist das „Tiefental" nördlich von Weingarten. VI ist die Ungeheuer Klamm, VII das letzte Tälchen südlich von Untergrombach, zwischen „Im Dörnig" und „Im Köpfle".

		Talinhalt	Schuttkegel	Verhältnis
Tal	I	10 Millionen cbm	15 000 cbm	1 : 700
„	II	nicht gut meßbar	nicht gemessen	?
„	III	8 Millionen cbm	80 000 cbm	1 : 100
„	IV	40 „ „	70 000 „	1 : 600
„	V	10 „ „	40 000 „	1 : 250
„	VI	45 „ „	200 000 „	1 : 225
„	VII	8 „ „	20 000 „	1 : 400
			im Durchschnitt: etwa	1 : 400

Die Berechnung wurde in der Weise vorgenommen, daß der Hohlraum der Täler durch Zeichnung einer größeren Anzahl von Querprofilen so genau wie möglich ermittelt wurde. Schwieriger war die Berechnung der Schuttkegel, da diese, wie selbstverständlich, auf der Karte nur schematisch dargestellt sind. Auch bei der Untersuchung im Freien wird man hier oft in ziemlich weiten Grenzen schwanken können. Dennoch glaube ich, daß die Größenordnung richtig getroffen ist. Würde nun im Alluvium die erodierende Tätigkeit in den Tälern und die aufhäufende Tätigkeit in den Schuttkegeln in gleichem Maße wirksam sein wie im Diluvium, so müßte, wie schon gesagt, das durchschnittliche Verhältnis ungefähr 1—67 (höchstens 1 : 100) sein. Aus der gewonnenen Zahl 1 : 400 bekommen wir einen objektiven Beweis dafür, daß das Alluvium auch in bezug auf die Erosionstätigkeit der Bäche eine kraftlose Epigonenperiode ist. Mit anderen Worten, die betreffenden Täler sind tot.[1])

Dabei ist auch hier, um jede Selbsttäuschung auszuschließen, noch gar nicht berücksichtigt, daß ja nur ein Teil des Diluviums wasserreicher war als die Gegenwart. Setzte man diesen allein in Rechnung, so würde sich ein noch viel ungünstigeres Verhältnis für das Alluvium ergeben. Tatsächlich liegt nun auch bei Weingarten, also an der einzigen Stelle des Gebirgsrandes südlich von Bruchsal, wo noch heute ein kräftiger Bach austritt, eine Diluvialterrasse etwa 30 m über dem Ort. Sie ist von Schnarrenberger auf seiner sehr sorgfältig aufgenommenen Karte als dme eingetragen und trägt einheimische Schotter des Weingartener Tales. Diese Schotter enthalten viele Hornsteine des mittleren Muschelkalkes. Der tiefere Einschnitt des Tales gehört also noch dem jüngeren Diluvium an und wohl nur ein ganz kleiner Teil der Vertiefung des Tales ist im Alluvium erfolgt.

---

[1]) Axel Schmidt hat in einer Untersuchung: „Über das Ausmaß intradiluvialer Abtragung im Schwabenlande“ (Jahresber. Oberrh. Geol. Ver. N. F. XI. 1922. S. 35) ähnliche Berechnungen angestellt, allerdings ohne die zeitliche Dauer der beiden Perioden zu berücksichtigen. Er schreibt: „Das Verhältnis Diluvium : Alluvium können wir aus der Tiefenerosion zwischen altem Deckenschotter (120 m) und den jüngsten Diluvialablagerungen der Niederterrasse (8—12 m, rund 10 m) entnehmen; es wäre hiernach 1 : 11, d. h. seit Ende der Diluvialzeit hat die Erosion nur den 12. Teil des Gesamtbetrages des Diluvium geleistet.“ Man vergl. auch die Fußnote auf S. 32. Für das Nagoldtal geht aus den schönen Untersuchungen von Martin Schmidt (Ber. Oberrh. Geol. Ver. 42, 1909. S. 91) und Georg Wagner (Erdgeschichtl. u. landesk. Abh. aus Schwaben u. Franken. Heft 1, S. 92. Oehringen 1922) hervor, daß pliocäne Schotter 140 m über der Nagold liegen, daß die älteren Deckenschotter noch etwa 90 m über dem Flusse erhalten sind und die Niederterrasse 8—10 m darüber liegt. Das ergibt eine Eintiefung im Alluvium von nur 8—10 m, ja wahrscheinlich nach Schmidt (S. 101) noch weniger, seit Ablagerung der pliocänen Schotter der Hochfläche bis zur Niederterrasse von mindestens 130 m.

Freudenberg hat von den Höhen bei Bruchsal echtes Pliocän [1]) und alte Flußkiese beschrieben, die er für Pliocän hielt.[2]) Sie sind indessen, wie schon auf S. 20f. erwähnt, durch den von Brill gemachten Fund eines Radiolarien-Hornsteines mittlerweile als altdiluvial erkannt. Auch hier ist es also zweifellos, daß der größte Teil der Taleinschnitte erst nach dem älteren Diluvium gebildet worden ist.

Freilich scheint dieser Feststellung die Angabe von Schmitthenner [3]) zu widersprechen, daß im Gebiete des Neckartales pliocäne Umläufe in einer Tiefe von 200 m unter der Hochfläche vorhanden seien. Indessen ist in dieser wichtigen Arbeit, die eine Anzahl wertvoller Beobachtungen enthält, kein wirklicher Beweis für ein so hohes Alter der Umläufe gegeben. Ich halte sie für altdiluvial.

Ich kann zwar an dieser Stelle nicht näher in eine Erörterung der Frage eintreten, hebe aber ganz kurz hervor, daß die Rumpffläche keine Ebene oder „Fastebene", sondern eine wellige Hügelfläche war, in welche die Flußsenken ziemlich tief, wenn auch nicht mit steilen Wänden eingesenkt sein konnten. Das Niveau der altdiluvialen Sande von Mauer darf man aber überhaupt nicht als Vergleichsniveau wählen, da sie offenbar noch tektonische Senkungen erfahren haben. Brill ist auf S. 85—86 seiner Dissertation auf die Frage eingegangen.

Es kann sein, daß Reste ähnlicher Flußablagerungen, wie sie von Weingarten und Bruchsal erwähnt worden sind, auch noch in anderen Tälern des Gebietes erhalten sind. Bei meinen früher nicht auf diesen Punkt gerichteten Begehungen sind sie mir nicht aufgefallen.

Dagegen sind auf Blatt Weingarten von Schnarrenberger an einer Reihe von Punkten altdiluviale Tone (dul) eingetragen worden. Eines dieser Vorkommen liegt noch etwas höher am Hange als die mit dme bezeichneten, auf S. 24 erwähnten „einheimischen Schotter" von Weingarten. Es bleibt aber ebenso wie die übrigen dul-Vorkommen doch auch unter der Kante der Gebirgshochfläche. Echte Pliocän-Vorkommen sind in diesem Gebiet nirgends in so tiefer Lage aus dem Gebirge bekannt geworden.

Sicher sind am Odenwald-Kraichgaurand mindestens zwei verschiedene Gruppen von Tälern zu unterscheiden. Die eine Gruppe ist kurz, meist ziemlich gradlinig und steht annähernd rechtwinklig zum Gebirgsrande. Solche Täler sind nicht nur zwischen

[1]) Jahresber. Oberrhein. geol. Verein. N. F. V. 1915/16. S. 132—133.

[2]) Über pliocäne Buntsandsteinschotter im Kraichgau bei Bruchsal. Jahresber. Oberrhein. geol. Verein. N. F. V. 1915/16. S. 108 u. f.

[3]) Die Entstehung des Neckartals im Odenwald. Z. Ges. f. Erdkunde Berlin. 1922. S. 126—142.

Durlach und Bruchsal häufig charakteristisch, sondern auch zwischen Heidelberg und Zwingenberg a. d. Bergstraße vielfach entwickelt. Nach meiner Auffassung sind sie in der Zeit nach dem ältesten Diluvium entstanden und waren vor dem Alluvium im wesentlichen fertig. Allenfalls könnte der Beginn ihrer Bildung schon in das Oberpliocän fallen. Diesen Tälern stehen andere gegenüber, wie das des Saalbaches bei Bruchsal, das Tal von Weingarten, das Schriesheimer und Birkenauer Tal. Diese wesentlich längeren meist mit großen Krümmungen versehenen und zum Teil schiefwinklig in die Ebene austretenden Täler sind meiner Ansicht nach mindestens in ihren Hauptstücken schon auf der altpliocänen Hochfläche entwickelt gewesen und haben sich nur entweder durch rückschreitende Erosion vom Gebirgsrande her vertieft, oder sie sind durch Täler der ersten Gruppe vom Gebirgsrande her angezapft worden. Das halte ich z. B. beim Schriesheimer und Birkenauer Tal für möglich.

V. Die Morphologie des oberrheinischen Gebirgsrandes im Odenwald und Kraichgau im Verhältnis zu den Formen des östlichen Stufentafellandes.

Fährt man mit der Bahn von Bamberg über Haßfurt und Schweinfurt nach Würzburg, so fällt, abgesehen von der tiefen Senke des Mains auf den schwachwelligen Hochflächen überall die große Zahl der bald kurzen, bald langgestreckten schwach eingesenkten Talzüge auf, die entweder überhaupt keinen Bach besitzen oder jedenfalls nur ganz unbedeutende, in keinem Verhältnis zur Größe und Breite der Täler stehende Gewässer. Schmitthenner würde sie wohl meist als Dellen bezeichnen. Tatsächlich haben sie, soweit ich das von der Bahn aus erkennen konnte, keine deutlichen Talböden. Für mich sind es meist nicht Gebilde, die den gegenwärtigen geologischen Agentien ihre Entstehung verdanken, sondern tote Täler, deren Formen allerdings durch Kriechen, kleine Bergschlipfe, Muhren und ähnliche Vorgänge verändert sind.

Ich benutze diese Gelegenheit, um mich über die gleichbedeutenden Ausdrücke „Heterogene, Disharmonische“ und, wie ich es genannt habe, „tote“ oder „fossile“ Landschaften auszusprechen. Die Priorität hat der Ausdruck „disharmonisch“, den Passarge 1912 in seiner physiologischen Morphologie gebraucht hat. Dann käme Hettner's Ausdruck „heterogen“ aus dem Jahre 1914 (Die Entwicklung der Landoberfläche), dann erst zeitlich meine Ausdrücke. Ich bin aber der Ansicht, daß es in solchen Fällen nicht auf die Priorität ankommt, sondern auf die Anschaulichkeit. Wie ich nun schon 1919 (Sitz.-Ber. Heid. Akad.

Abh. 1. S. 4 und 5) ausgeführt habe, scheint mir die Bezeichnung „tote Landschaft“ oder allenfalls „fossile Landschaft“ das, worauf es mir ankommt, klarer und plastischer zur Anschauung zu bringen, als die Bezeichnungen meiner verehrten Kollegen PASSARGE und HETTNER, und darum will ich meine mittlerweile auch von anderen Forschern angewendeten Ausdrücke beibehalten. –

Erst ganz kurz, bevor man nach Würzburg kommt, ändert sich das Landschaftsbild wesentlich. Mit der Annäherung an den Main erscheint ein tiefeingeschnittener Talzug mit steilen Wänden und dann das schroff eingeschnittene Maintal selbst.

Fährt man aber von Würzburg weiter über Lauda nach Osterburken, so stellt sich sehr bald wieder die alte tote Landschaft der Hochfläche zwischen Würzburg und Schweinfurt ein; und erst mit der Annäherung an das Talgebiet der Elz treten von neuem wohlcharakterisierte, tiefer eingeschnittene Täler auf. In diesem Gebiete hat HAMM in einer Heidelberger Dissertation, die jetzt in dem KRAUSschen geologischen Archiv [1]) erschienen ist, gezeigt, daß viele der Seitentäler einen oberen toten Abschnitt haben, der gegen einen tieferen, schärfer eingesenkten Abschnitt durch einen auffälligen Gefällsknick abgegrenzt ist. Erreicht man dann gar bei Neckarelz das Neckartal, so sieht man die deutlichen Kennzeichen junger Talbildung, steile Talwände, flache Talböden; und kurz bevor man nach Heidelberg kommt, beginnen Stromschnellen (Hackteufel) mit Klippen, Strudeltopfbildung und allen übrigen Merkmalen recenten Einschneidens des Flusses. Würde man aber von Zwingenberg am Neckar durch die Wolfsschlucht nach der Katzenbuckel-Hochfläche hinaufgestiegen sein, so würde man unten in einer fast klammartigen Ausgleichsschlucht gewandert sein, die oben in ein ausgesprochenes Hängetal der Hochfläche übergeht. Zweifellos entspricht die Landschaft der Hochfläche, der Form und dem Alter nach den Hochflächen zwischen Schweinfurt und Würzburg auf der einen, Würzburg und Osterburken auf der anderen Seite. Die lebhafteren Landschaftsbilder des Maines, Neckars und ihrer Nebenflüsse deuten an, daß hier durch junge tektonische Bewegungen ein Ruhezustand beendigt und durch neue tiefeinschneidende Erosion abgelöst worden ist. Denn klimatisch ist der Unterschied in den Niederschlagsmengen zwischen den oberrheinischen Randgebirgen und der östlichen Stufenlandschaft viel zu gering, als daß man darauf die Unterschiede in der Morphologie zurückführen könnte. Nur die tektonische Vergrößerung des Höhenunterschiedes zwischen der Erosionsbasis im Rheingebiet und

[1]) Bd. I. Heft 3. S. 121—163. Geolog. Untersuchungen am Südostrande des Odenwaldes und im angrenzenden badischen Bauland.

dem Hinterland kann den vorher offenbar einigermaßen erreichten Gleichgewichtszustand so völlig gestört haben, daß auch heute noch trotz geringer Niederschläge und milden Klimas wenigstens stellenweise eine lebhafte geologische Tätigkeit der Gewässer zu beobachten ist. Wir haben dabei aber scharf zweierlei zu unterscheiden, die alluviale transportierende und erodierende Tätigkeit des Neckars, des Maines und ihrer Nebenflüsse und die diluviale Tätigkeit derselben Gewässer. Denn die alluviale Neubelebung dieser Tätigkeit ist im Gebirge nur auf wenige Stellen und seltene zeitliche Ausnahmen beschränkt.

Umgekehrt herrschten vom Ende des Pliocäns, ja, nach den Bruchsaler Kiesen zu urteilen, erst vom ältesten Diluvium an, energische tektonische Veränderungen am ganzen Gebirgsrande des Kraichgaues und Odenwaldes; und dadurch entstand nicht nur örtlich, sondern in weiter Ausdehnung eine starke Erosionstätigkeit der Flüsse und Bäche. Zahlreiche neue kleine, senkrecht zum Rande der Rheinebene gerichtete Täler bildeten sich und schnitten sich rückwärts ein. Dabei zapften einige von ihnen offenbar die trägeren Gewässer älterer pliocäner Talsenken an und erzeugten so längere und unregelmäßig gestaltete Täler (z. B. bei Bruchsal, Weingarten und Weinheim).

Der Eindruck, den mir die Morphologie des im vorhergehenden behandelten fränkischen Gebietes gemacht hat, wäre nicht maßgebend, da ich ihn im wesentlichen nur auf meinen allerdings oft wiederholten Eisenbahnfahrten gewonnen habe. Ich habe aber die Genugtuung, zu sehen, daß er in allen wesentlichen Punkten mit den Ergebnissen übereinstimmt, die N. KREBS 1919 in seiner Abhandlung „Morphologische Probleme in Unterfranken" durch wirkliche Begehungen gewonnen hat (Zeitschr. Ges. f. Erdkunde Berlin 1919. S. 307—335. Hier auch die ältere Literatur, A. PENCK, REIS, SCHUSTER, GRADMANN u. a.). KREBS verfolgt eine „einheitliche Rumpffläche vom Fuß des Steigerwaldes über den unteren Gips- und Lettenkohlenkeuper durch den ganzen Muschelkalk bis in den Hauptbuntsandstein des Spessart und Odenwaldes". Sie war von „Hügeln und Bergen überragt" und hat nachträglich schwache Verbiegungen erfahren (S. 309). Ein Kärtchen (Abb. 18 S. 324) zeigt sehr anschaulich die über die Rumpffläche emporragenden Bergländer, Teile der Rhön, des Spessarts und den Steigerwald umfassend. Auch in Franken gibt es, wie am Neckar, Seitentälchen, die in der Erosion hinter dem Haupttal zurückgeblieben sind. Der Gegensatz zwischen den flachen Talmulden der Hochflächen und den „scharfprofilierten Tälern der großen Flüsse" sowie „dem ebenso gezeichneten Unterlauf ihrer Seitenbäche" wird hervorgehoben. „Ein Stück weit läßt sich die junge Tiefenerosion an allen Seitentälern hinauf verfolgen, dann kommt ein Knick. Das darüber gelegene Tal trägt dann auch, wenn es Wasser führt, sehr reife Züge."[1])

Man sieht, daß Unterfranken die unmittelbare Fortsetzung des von mir geschilderten Gebietes darstellt und den Übergang zu Thüringen vermittelt, wo, wie wir später sehen werden, durch v. FREYBERG dieselbe Rumpffläche beschrieben ist. KREBS beweist, daß sie postuntermiocän ist, und nimmt an, daß sie präoberpliocän sei. Aus den BRILLschen Beobachtungen bei Bruchsal ist aber wohl zu schließen, daß sie sich mindestens stellenweise bis ins älteste Diluvium erhalten hat.

Ein Punkt, in dem ich von KREBS abweiche, ist die Erklärung der Wasserarmut oder Wasserlosigkeit so vieler Täler. Ich fasse sie als „tot" auf und glaube, daß eine Verminderung der Niederschläge zum mindesten die Hauptursache ist. KREBS (S. 311) nimmt an, daß „die Quellen weiter zurücklagen, als der Grundwasserspiegel noch höher stand" . . . . „Die steilere Gefällskurve der Seitentäler hebt diese um so mehr über den Grundwasserspiegel empor, je mehr sich dieser ausgleicht und je tiefer sich die Erosionsbasis legt." Eine andere Erklärung gibt MUCKLE für die Wasserlosigkeit vieler Kraichgautäler.[4]) Er hat genau denselben Tatbestand festgestellt wie ich. „Da die Trockentäler im Kraichgau sehr zahlreich sind, gewinnt man den Eindruck, daß die Talbildung eine viel reichere ist, als es nach den heute vorhandenen Wasserläufen zu erwarten wäre." Er macht aber den Löß und Lößlehm der Talhänge und -böden für das Versickern des Wassers verantwortlich, glaubt also an unterirdischen Abfluß. Aber auch er ist doch gezwungen, außerdem ein früher feuchteres Klima vorauszusetzen. SCHMITTHENNER[3]) endlich faßt einen erheblichen Teil meiner „toten Täler" der Hochflächen als Dellen auf, die durch „Gelegenheitsbäche" heute noch weitergebildet würden, also rezente Bodenformen seien. Ich bestreite nicht, daß Fälle, wie sie KREBS und MUCKLE annehmen, tatsächlich vorkommen. Ich gebe auch zu, daß SCHMITTHENNERS Dellen gelegentlich noch aktiv sind. In der Hauptsache scheint es sich mir aber um echte diluviale Bodenformen zu handeln, die, in niederschlagsreicheren Perioden gebildet, heute infolge einer Verringerung der Niederschläge tot daliegen, also fossile Formen aufweisen. Dabei können die alten Formen natürlich sowohl durch diluviale Solifluktion wie

---

[1]) Also genau wie es HAMM beschrieben hat (S. 27).

[2]) Morphologie des Kraichgaus. (Heidelberg, 1908. Dissertation S. 29.)

[3]) Sein Gedankengang ist wohl am klarsten in seiner neuen Schrift erläutert: Die Bodenflächenformen der Stufenlandschaft zwischen Maas und Mosel PENCKS geogr. Abhandl. II. Reihe, Heft 1. S. 37 u. 38.

durch alluviales Kriechen allmählich verändert worden sein. MUCKLE (Kraichgau, S. 38) spricht geradezu von „verkrochenen Tälern".

VI. Ausdehnung der oberpliocänen Rumpffläche.

Die Frage, ob die von mir als Rumpffläche bezeichnete Abtragungsfläche von vornherein gestuft war, wie das SCHMITTHENNER und GEORG WAGNER annehmen, oder erst nachträglich in eine Stufenlandschaft umgewandelt wurde, wie ich früher vorausgesetzt habe [1]), ist mittlerweile von BRILL in einer Heidelberger Dissertation eingehend behandelt worden.[2]) BRILL zeigt auf S. 90—95, daß das vorliegende Beobachtungsmaterial zur Entscheidung der Frage nicht ausreicht. Beide Auffassungen sind möglich.

Wichtig war mir in dieser Hinsicht die GRADMANNsche Arbeit „Das Schichtstufenland" (Zeitschr. Ges. f. Erdk. Berlin 1919. S. 113—139). Sie erklärt sehr schön, warum sich Terrassenflächen, die wie Rumpfflächen aussehen, unter bestimmten Verhältnissen gleichzeitig in verschiedener Höhe ausbilden müssen. GRADMANNS Schemata auf S. 127 seiner Arbeit dürften in dieser Hinsicht wohl beweisend sein. Er geht dabei von einem Profil aus, das er „Längsschnitt durch einen First entlang der Wasserscheide" nennt. Aber in diesem First liegen die Schichten bereits schief und werden spitzwinklig von einer Abtragungsfläche geschnitten, wie er denn auch ausdrücklich zugibt, daß sich eine Stufenlandschaft aus einer Rumpffläche entwickeln kann. Umgekehrt weist er aber mit Recht darauf hin (S. 130), daß es zur Bildung einer Stufenlandschaft keiner vorausgegangenen Peneplain-Bildung bedarf. Für unser südwestdeutsches Gebiet nimmt GRADMANN eine präoligocäne Verebnungsfläche an, die in der Hochfläche der Schwäbischen Alb zum Teil heute noch erhalten sei. Sie habe sich in eine Schichtstufenlandschaft verwandelt. Es sei dann nur noch einmal und zwar „nur auf kleine Strecken zu einer Abtragung bis nahe zum unteren Denudationsniveau gekommen; das war um die Wende der Tertiärzeit oder zu Beginn der Diluvialperiode".

HETTNER hat schon vor längerer Zeit und SCHMITTHENNER besonders in den letzten Jahren die Anschauung vertreten, daß das von mir behandelte Gebiet nie den Charakter einer Rumpffläche gehabt habe,

---

[1]) BRAUN glaubte ebenfalls für eine ältere von ihm angenommene tertiäre Rumpffläche SW.-Deutschlands voraussetzen zu dürfen, daß sie erst nachträglich in eine Stufenlandschaft übergegangen sei. (Deutschland 1916. S. 227.)

[2]) Paläogeogr. Untersuchungen über das Pliocän im Oberrheingebiet. Vorläufig nicht gedruckt; liegt auf der Heidelberger Universitätsbücherei und im geol. Institute der Universität Heidelberg.

sondern von vornherein eine Stufenlandschaft geworden und geblieben sei. Auch sie zeigen ebenso wie Gradmann, daß sich die Terrassenflächen einer Stufenlandschaft gleichzeitig in verschiedener Höhenlage entwickeln können. Das letztere bestreite ich auch gar nicht. Was aber das von mir behandelte Gebiet betrifft, so kann ich eben doch nicht umhin, anzunehmen, daß gerade die tiefe Senke zwischen den höheren Gebirgsrümpfen mit ihrer östlichen und westlichen Fortsetzung zur Zeit des Pliocäns bis ungefähr zum Niveau ihrer Erosionsbasis abgetragen war und daher den Charakter einer Rumpffläche angenommen hatte, während allerdings benachbarte Gebirgsteile höher blieben und in ihrer Sedimentdecke Stufenlandschaften entwickelt haben mögen. Vielleicht hängt dies verschiedenartige Verhalten damit zusammen, daß, wie sich ja jetzt immer häufiger herausstellt, die alten oberrheinischen Randgebirge immer wieder von Zeit zu Zeit emporzusteigen begannen. So hat z. B. Küger erst vor kurzem gezeigt, daß das Rhät-Liasmeer von Schwaben nur durch eine schmale, mehrmals sogar ganz geschlossene Straße zwischen Schwarzwald—Wasgenwald auf der einen, Odenwald-Pfälzerwald auf der anderen Seite mit dem westlichen Meere verbunden war. Es ist das die sogenannte „Alsatische“ Straße. Das Meer bedeckte die vier Gebirgsmassive also lange Zeit überhaupt nicht.[1])

Brill neigt hinsichtlich der Ausdehnung der Rumpffläche der Ansicht zu, daß sie den Schwarzwald südlich von Pforzheim, den nördlichen Odenwald und den Spessart nicht mehr umfaßt, im wesentlichen also nur den Kraichgau und die benachbarten nördlichen Teile des Schwarzwaldes und südlichen Teile des Odenwaldes bedeckt habe. Auch er kommt zu der Auffassung, daß die an diese Gebirgsabschnitte angrenzenden Teile der oberrheinischen Ebene annähernd gleiche Höhenlage gehabt, also zusammen eine Gleichgewichtsfläche gebildet hätten. Bekanntlich hat Braun 1916 (Deutschland, I. S. 216) ebenfalls hervorgehoben, daß die „Senke wohl bodenplastisch kenntlich war“, daß aber „erst in der Diluvialzeit die Einbrüche erfolgten, die in der Senke den Rheintalgraben schufen“.

Ich habe mich mittlerweile durch eigene und fremde Untersuchungen, sowie bei der Deutung der Brillschen Ergebnisse davon überzeugt, daß zu mindesten der Hauptteil des Schwarzwaldes, des Wasgenwaldes und des schwäbischen Jura höher gelegen haben müssen als die Rumpffläche. Für den Spessart haben das Bücking, N. Krebs und

---

[1]) Die Rhät-Lias-Ablagerungen der Langenbrückener Senke. (Heidelberger Dissertation. 1922. 111 Seiten.)

W. CREDNER gezeigt.[1]) Für den Wasgenwald ist es bemerkenswert, daß nach den Untersuchungen der elsässischen Geologen erst das Oberpliocän reich an Geröllen, ja an großen Blöcken ist, die aus dem Gebirge stammen, das Unterpliocän aber im wesentlichen aus feinem Material zusammengesetzt ist (Sanden und Tonen). Daraus ergibt sich unzweifelhaft, daß mindestens zur Zeit des Oberpliocäns der Wasgenwald als höheres Gebirge vorhanden war. Nehmen doch die elsässischen Geologen sogar Gletscher für das Oberpliocän an. (v. WERVEKE, Ber. 24. Vers. Oberrhein. geol. Ver. 1891. S. 15—21. — SCHUHMACHER, Z. D. Geol. Ges. 1892. S. 828—823. — v. WERVEKE, Mitt. bad. geol. Landesanst. III. S. 61—64.) KESSLER zeigt durch Beobachtungen über Terrassen, daß der Wasgenwald höher als die pliocäne Rumpffläche aufragte.[2]) Für den schwäbischen Jura kommt AXEL SCHMIDT (Jahresber. Oberrhein. Geol. Ver. N. F. X. 1921. S. 52) zu dem Ergebnis, daß wir „für das ganze Tertiär dauernd das Vorhandensein eines Albtraufes voraussetzen müssen". Tatsächlich hat sich die Einsenkung des miocänen Randecker Maares bis zum heutigen Tage im wesentlichen erhalten. Das Südgebiet Südwestdeutschlands, nämlich die Alb, der südliche Schwarzwald und der südliche Wasgenwald haben sich erdgeschichtlich wohl häufig anders verhalten als der Norden. Das geht auch aus der eingehenden Untersuchung hervor, die GEORG WAGNER in neuester Zeit der Altmühl gewidmet hat. Ich kann die interessante Arbeit hier nur anhangsweise erwähnen, hebe aber daraus das Folgende hervor. Die Alb hat sich nach WAGNER am Ende des Obermiocäns oder am Anfang des Pliocäns stark zu heben begonnen, also gerade in einer Zeit, in der das von mir behandelte Gebiet einen Zustand ziemlich großer Ruhe erreichte und beibehielt. Daher wurde die Hauptarbeit der Eintiefung des Altmühl-Donautales im Pliocän geleistet, also gerade umgekehrt wie im Norden. (Aus der Geschichte der Altmühl. Fränkische Heimatschriften Nr. 2. Verlag von Spindler. Nürnberg 1923.)[3])

---

[1]) Grundzüge einer vergleich. Morphologie d. kristall. Gebiete von Spessart und Odenwald. Verh. Naturh. Med. Verein Heidelberg. N. F. XV. 1922. S. 71 u. f.

[2]) Geologische Beobachtungen im Reichslande. Z. d. D. Geol. Ges. 1919. S. 152—163, bes. 161—162.

[3]) In einer anderen Arbeit (Die Landschaftsformen von Württembergisch Franken. Erdgesch. u. landesk. Abh. aus Schwaben u. Franken. Heft 1. Oehringen, bei Rau) sucht WAGNER noch ohne Kenntnis der neueren Untersuchungen über das Pliocän zu zeigen, daß, wie das SAUER früher annahm, die Haupterosion im Unterlauf des Neckars ins Tertiär falle (S. 91). Daher nimmt er auch für unser Gebiet die Hauptabtragung im Pliocän an. Aber er hebt schon ganz richtig hervor, daß die pliocänen Höhenschotter bei Gundelsheim 150, bei Besigheim 130,

Um so merkwürdiger und auffälliger ist es aber, daß nach den Untersuchungen von B. v. FREYBERG [1]) in Thüringen eine altpliocäne Rumpffläche auftritt, in derselben Weise wie im Kraichgau in jüngster Zeit zerschnitten ist und dieselben entkalkten und häufig entfärbten oberpliocänen Sedimente bzw. Verwitterungserscheinungen aufweist. FREYBERG sagt geradezu: „Wo Kalk an der altpliocänen Rumpffläche anstand, unterlag er schon auf primärer Lagerstätte der Zersetzung. Dabei wurde der Kalk ausgelaugt, sein Tongehalt allein blieb als Rückstand übrig und konnte umgelagert werden. Diese unbestreitbare Tatsache ist geradezu ein charakteristisches Kennzeichen aller tertiären Landoberflächen und erklärt uns die ebenso sichere Tatsache, daß alle Pliocänablagerungen frei sind von Kalkgeröllen, auch wenn sie auf Muschelkalk liegen."

Auf diese wichtige Tatsache ist zuerst von WÜST in seiner verdienstvollen Monographie „Untersuchungen über das Pliocän und das älteste Pleistocän Thüringens" [2]) hingewiesen worden. WÜST stützte sich dabei für SW-Deutschland auf Arbeiten von KINKELIN und L. VAN WERVEKE. Er zeigte, daß die Entkalkung und Verwitterung des Pliocäns in SW-Deutschland und dem Alpengebiet noch sehr viel stärker ausgeprägt sind als in Thüringen, daß man aber auch dort die Entkalkung als ein Unterscheidungsmerkmal gegenüber dem älteren Diluvium verwenden kann. (Bes. S. 32 u. 206.)

Gehen wir nun nach Frankreich, so hat dort BRIQUET schon 1908 [3]) eine „Pénéplaine du Nord de la France" beschrieben, die ebenfalls die größte Ähnlichkeit mit der Kraichgauer Rumpffläche besitzt. Sie dehnt sich nach Belgien und Holland, über den Kanal nach England und im Osten über „mehr oder minder ausgedehnte Teile" der Ardennen und des Wasgenwaldes aus. Sie schneidet unterpliocäne, ja in der Campine sogar mittelpliocäne Ablagerungen ab, ist also sicher mindestens oberpliocän! An zahlreichen Stellen liegen auf ihr Reste der widerstandsfähigsten Gesteine der älteren Formationen, als „sédiments pauvres" bezeichnet. Es sind weiße und gelbe Sande, Kiesel, Feuersteine, die Gerölle manchmal nachträglich durch ein eisenhaltiges Zement zu einem Konglomerat verkittet. Auch die aus dem niederrheinischen Pliocän bekannt gewordenen jurassischen Kieseloolithe

---

bei Wimpfen 80 m über dem Neckar liegen und sich bereits bis zu einer Entfernung von 13 km von ihm verfolgen lassen.

[1]) PHILIPPIS „praeoligocäne" Landoberfläche und das Plateau von Gossel. Centralblatt f. Mineralogie. 1923. S. 652—656.

[2]) Abh. Nat. Ges. Halle XXIII. 1901.

[3]) Annales de Géographie. XVII. S. 205 u. f.

kommen vor und geleiten uns so zum Rheinischen Schiefergebirge und nach dem Mainzer Becken hinüber, wo die Kieseloolithschotter aber als Unterpliocän angesehen werden.[1])

SCHMITTHENNER, der einen Teil des von BRIQUET beschriebenen Gebietes untersucht hat, ist auch hier der Meinung, daß von vornherein eine Stufenlandschaft und nicht eine Rumpffläche entstanden sei (Geogr. Abh. Reihe 2, Heft 1, 1923: Die Oberflächenformen der Stufenlandschaft zwischen Maas und Mosel). Auch ihm sind die Quarzitblöcke aufgefallen, die BRIQUET als tertiäre Verwitterungsreste anspricht (S. 18 u. 58). Wie mir Herr Dr. BOTZONG (Heidelberg) mitteilt, hat er diese von ihm in der Pfalz beobachteten und stets als Pliocän angesehenen Blöcke bei Guise in Frankreich wieder gefunden. Ich habe sie vor ein paar Jahren bei Wiesloch südlich von Heidelberg angetroffen und kann trotz der entgegengesetzten Feststellung von BRILL in seiner erwähnten Dissertation den Verdacht nicht loswerden, daß die sogenannten Rhätblöcke des Kraichgaues zu einem Teile auch nichts anderes seien.

Wie das aber auch sein mag, es kann kein Zweifel darüber bestehen, daß im Pliocän ausgedehnte Gebiete Deutschlands und Westeuropas eingeebnet worden sind, während allerdings eine Reihe von Gebirgsmassiven über die Rumpffläche emporragten. Auf ihr zerstörten tiefgreifende Verwitterungsvorgänge die älteren Gesteine. Weitgehende Entkalkung, sowie häufige Bleichungserscheinungen sind dabei in großer horizontaler Ausdehnung nachgewiesen. Die letzteren sind wohl im Sinne einer früheren Arbeit von mir vorwiegend als Moorbleichungen zu denken, was mit dem Charakter der Rumpfflächen-Gewässer gut stimmt. Auch sind tatsächlich an einer Reihe von Stellen auf der pliocänen Rumpffläche Braunkohlen noch erhalten und überlagern entfärbte Sande und Tone.

Auffällig ist es, daß die Rumpffläche im Westen über mittelpliocäne Ablagerungen übergreifen soll, also mindestens oberpliocän wäre, während sie vom rheinischen Schiefergebirge an altpliocäne Ablagerungen trägt. Entweder muß eine der beiden Altersbestimmungen falsch sein oder wir müssen annehmen, daß die Einebnung im Osten früher einsetzte als im Westen, was an sich wohl denkbar ist. Auch ist zu berücksichtigen, daß sich die Einebnungsfläche an manchen Stellen länger erhalten hat, als an anderen. Haben wir doch gesehen, daß sie bei Bruchsal noch altdiluviale Schotter trägt. Wir haben also hier mög-

[1]) Literatur am bequemsten bei WENZ, Das Mainzer Becken und seine Randgebiete. S. 195 u. f. Heidelberg 1921, bei W. Ehrig. Außerdem sind natürlich die Originalarbeiten von E. KAISER, MORDZIOL, FLIEGEL u. a. zu berücksichtigen.

licherweise wieder einmal den Fall, daß verschiedene Stücke einer solchen Grenzfläche nicht streng synchron sind.

VII. Klimaschwankungen im Quartär und Schlußfolgerungen.

Die Diluvialzeit ist durch häufige und intensive Klimawechsel ausgezeichnet gewesen. In dieser Hinsicht haben die schon nach Niederschrift dieser Arbeit erschienenen neuen Feststellungen und kritischen Untersuchungen von GAMS und NORDHAGEN schöne Ergebnisse erzielt.[1]) Wenn man auch im einzelnen Zweifel haben kann, ob die weitgehende und genaue Parallelisierung zahlreicher historischer Ereignisse mit alluvialen Klimaschwankungen durch die beiden Verfasser in allen Punkten berechtigt ist, so kann es doch nicht zweifelhaft sein, daß die postglaciale Zeit eine ganze Reihe von Klimaschwankungen im Bezug auf Wärme und Niederschlagsmengen aufweist. Das geht auch aus Arbeiten von E. KRAUS über Blutlehm hervor.[2])

Übrigens beobachtete ich im Fichtelgebirge im letzten Sommer (1923) an einer ganzen Reihe von Stellen, z. B. am Nordhange des Waldsteins und im Münchberger Gneismassiv, auf Böden, die aus ganz verschiedenen Gesteinen hervorgegangen waren (Tonschiefer, Granit, Gneis) unter einer etwa 1 bis $2^1/_2$ dm tiefen gelbbraunen Verwitterungsschicht eine 2, 3 und manchmal mehr dm starke Verwitterungsschicht von rötlicher Farbe, die offenbar mit dem KRAUSschen Blutlehm identisch ist. Sie enthält so viel Eisenocker, daß sie stellenweise von den Bauern zur Farbengewinnung benutzt wird und spekulativen Köpfen eine Zeitlang zuem industriellen Abbau geeignet schien. Auch da ist wohl die Annahme naheliegend, daß die ockerreiche Schicht aus einer wärmeren Periode der postglacialen Zeit stammt.[3])

---

[1]) Postglaciale Klimaänderungen und Erdkrustenbewegungen in Mitteleuropa. Landeskundl. Forschungen, Geogr. Gesellsch. München. Heft 29. München 1923, bei J. Lindauer.

[2]) „Der Blutlehm auf der süddeutschen Niederterrasse als Rest des postglacialen Klimaoptimums". Geogr. Jahreshefte 1921. Jahrg. 34. S. 169 u. f. und „Die Klimakurve in der Postglacialzeit Süddeutschlands", Z. D. geol. Ges. Monatsber. Bd. 73. 1921. S. 223 u. f. — Soeben erhalte ich die Schrift von KESSLER: Das Klima der jüngsten geologischen Zeiten und die Frage einer Klimaänderung in der Jetzzeit. (Stuttgart 1923, bei Schweizerbart.) Ich kann die Ergebnisse dieser Arbeit nicht mehr berücksichtigen, sehe aber, daß auch KESSLER (S. 34) hervorhebt, „daß die Jahressumme eines klimatischen Elementes (in dem besonderen Falle der Regenmengen) geringere Bedeutung hat als seine Verteilung über das Jahr".

[3]) Ich bedauere, an dieser Stelle nicht auf die zahlreichen schönen und wichtigen Untersuchungen von E. BLANCK über Roterdebildungen eingehen zu können, bin auch zu wenig Kenner der Bodenkunde, um mir ein Urteil darüber

Ebenso beschreibt SCHMITTHENNER (Geogr. Abh. Reihe 2, Heft 1, S. 19) von den Côtes Lorraines, wie der gelbbraune Waldboden „nach unten zu plötzlich in einen fast ziegelroten, nur von wenig Gesteinsbrocken durchsetzten Lehm übergeht, der oft 2 bis $2^1/_2$ m tief bis aufs anstehende Gestein herabreicht. . . . Man hat es an solchen Stellen mit einer alten Verwitterungsdecke zu tun, die nachträglich durch die heute wirkenden, anders gearteten Kräfte der Verwitterung oberflächlich umgewandelt wird." (Siehe auch ebendort S. 22.)

Sehr viel größere Klimaschwankungen weist aber das Diluvium auf. GAMS und NORDHAGEN legen dar, daß das „große Interglacial" nach der Günz- und Mindel-Eiszeit länger als die ganze Postglacialzeit gedauert hat und sehr feucht gewesen ist. Auch das „Rabutzer Interglacial" zwischen der Mühlbergschen Eiszeit und der Haupteiszeit (Riß) scheint zwar kürzer, aber ähnlich feucht gewesen zu sein, während vorher und nachher auch Trockenperioden sicher nachweisbar sind. Es ist also so gut wie sicher, auch nach GAMS und NORDHAGEN, die ja mit ganz anderen Methoden an diese Fragen herangetreten sind, daß im Diluvium einzelne und zum Teil ziemlich lange Perioden feuchter als die Gegenwart gewesen sind. In derartigen Perioden mußten sich aber die Wirkungen der tektonischen Bewegungen mit der Vermehrung der Niederschläge vereinigen, um besonders starke Abtragung, Erosion und Akkumulation hervorzubringen. Wir kommen also zu dem Ergebnis, daß das Alluvium in dem von mir behandelten Gebiete als Ganzes genommen, sowohl in bezug auf tektonische Bewegungen wie in bezug auf das Klima keine bedeutendere geologische Tätigkeit entfaltete und daß man hier das Ausmaß der geologischen Tätigkeit früherer Erdperioden nicht nach dem Maßstabe der heutigen Vorgänge beurteilen darf. Dies Ergebnis darf aber sicher nicht kritiklos verallgemeinert werden. Wer die heutige Erosion und Akkumulation der Alpen kennt, wer die „calanchi" des Apennin gesehen hat und weiß, wie rasch sie erobernd rückwärts schreiten, wer die zerstörenden Wirkungen des Meeres an der tyrrhenischen Küste beobachtet hat — von anderen Erdteilen ganz zu schweigen —, der wird bestreiten, daß das Alluvium überall eine kraftlose Epigonenperiode sei. Und so dürfte es auch bei uns wohl nur eine kurze Atempause bedeuten, die von stärkerer Tätigkeit abgelöst werden

zu erlauben, inwieweit sie in ähnlichem Sinne wie die KRAUSschen Untersuchungen verwertet werden könnten. Ich nenne nur die letzte Arbeit, die mir eben während des Druckes zugeht: Über mährische Roterden (von E. BLANCK, F. KUNZ und F. PREISS) in „Die landwirtschaftlichen Versuchsstationen", Berlin 1923, bei Parey.

wird. Sehr erfreulich ist dieser Ausblick für die Bewohner unseres Gebietes nicht. Denn der Mensch hat ein Interesse daran, daß die Natur konservativ sei und nicht bestehende Gleichgewichtszustände ändere. Sein Leben beruht auf diesen Gleichgewichtszuständen!

Andererseits kann der gegenwärtige Zustand ja noch so viele Jahrtausende anhalten, daß das lebende Geschlecht für sich und viele kommende Geschlechter von Nachkommen mehr Grund zu Sorgen wegen der mangelhaften menschlichen Ethik als wegen paroxysmaler Naturereignisse zu haben braucht.

Zusammenfassung der Hauptergebnisse.

Abschnitt I. Im Kraichgau und Odenwald ist die geologische Tätigkeit der Gewässer in alluvialer Zeit sehr gering. Doch bestehen dauernde örtliche Ausnahmen, die auf jungen tektonischen Bewegungen beruhen (Stromschnellen, Ausgleichsschluchten) und vorübergehende zeitliche Ausnahmen (Winterhochwasser, Sommerplatzregen, Aufweichung des Bodens durch lang andauernde Winterniederschläge).

Abschnitt II und III. Alluviale tektonische Bewegungen sind in dem betreffenden Gebiete nachgewiesen und zum Teil ihrer Größenordnung nach meßbar durch 1. Stufenbildung in den Flußbetten, 2. Bildung einer vertieften Rinne längs des Gebirgsrandes.

Abschnitt IVa. Die Intensität der alluvialen tektonischen Bewegungen ist viel geringer als die der diluvialen.

Abschnitt IVb. Die Erosion des Diluviums übertrifft die alluviale, auch auf gleiche Zeiteinheiten berechnet, um ein Vielfaches. Methodologisch dürfte der Versuch von Interesse sein, durch Benutzung der neueren Ergebnisse über die absolute Dauer der Erdperioden in Jahren das Maß geologischer Arbeit im Alluvium und Diluvium miteinander zu vergleichen. Es ergab sich dabei, daß der Grundsatz des Aktualismus in dem Untersuchuugsgebiet in bezug auf tektonische Bewegungen, Erosion, Abtragung und mechanischen Sedimenttransport überhaupt nicht oder jedenfalls nicht ohne weiteres angewandt werden darf!

Abschnitt V—VII. Der morphologische Unterschied zwischen der toten oder fossilen (disharmonischen, heterogenen) Hochflächenlandschaft Bamberg-Würzburg bzw. Würzburg-Osterburken auf der einen und den in jüngerer Zeit eingeschnittenen Talrinnensystemen des Mains und Neckars, sowie des oberrheinischen Gebirgsrandes ist wie folgt zu erklären: Die sanftwellige Hochflächenlandschaft ist im Pliocän entstanden, wobei es dahingestellt sein soll, ob die Stufen damals bereits in ihrer heutigen Form herausgebildet waren. Auf den Ruhezustand, der im Pliocän eingetreten war, folgte entweder noch im jüngeren Pliocän oder, nach dem Alter der Bruchsaler Hochflächenkiese zu urteilen, sogar erst im älteren Diluvium eine neue Periode tektonischer Bewegungen, durch die der Höhenunterschied zwischen Erosionsbasis und Hinterland wesentlich vergrößert wurde. Der Gebirgsrand hob sich scharf heraus. Schon dadurch wurde die Erosionstätigkeit des Neckars und seiner Nebenflüsse neu belebt. Außerdem aber waren bestimmte Unterperioden des Diluviums offenbar wesentlich niederschlagsreicher als die Gegenwart. In ihnen vergrößerte sich das Maß der Abtragung, Erosion und Akkumulation ganz erheblich. In den kalten Perioden fanden intensive Abtragungen durch Solifluktion statt, so daß wir das Diluvium als Ganzes genommen als eine Periode der Regsamkeit der exogenen Vorgänge bezeichnen müssen. Im Gegensatz dazu ist das Alluvium eine Periode schwacher Tätigkeit, sowohl der exogenen Vorgänge, wie der tektonischen Bewegungen. Ausnahmen von der Regel sind in den ersten Abschnitten beschrieben. Sie ändern nichts am Charakter des Alluviums (für das hier behandelte Gebiet) als einer ausgesprochenen kraftlosen Epigonenperiode. Die pliocäne Rumpfflächenlandschaft läßt sich im Osten über Franken nach Thüringen, im Westen über Frankreich, Holland, Belgien bis nach England verfolgen. An einer Reihe von Stellen ragten aber Bergländer über sie empor.

FSC
www.fsc.org
MIX
Papier | Fördert gute Waldnutzung
FSC® C083411

Zeitfracht Medien GmbH
Ferdinand-Jühlke-Straße 7
99095 Erfurt, Deutschland
produktsicherheit@kolibri360.de